Salem Arif

Métaheuristiques pour la Planification de l'Energie Réactive

Salem Arif

Métaheuristiques pour la Planification de l'Energie Réactive

Application au Réseau Algérien

Presses Académiques Francophones

Impressum / Mentions légales
Bibliografische Information der Deutschen Nationalbibliothek: Die Deutsche Nationalbibliothek verzeichnet diese Publikation in der Deutschen Nationalbibliografie; detaillierte bibliografische Daten sind im Internet über http://dnb.d-nb.de abrufbar.
Alle in diesem Buch genannten Marken und Produktnamen unterliegen warenzeichen-, marken- oder patentrechtlichem Schutz bzw. sind Warenzeichen oder eingetragene Warenzeichen der jeweiligen Inhaber. Die Wiedergabe von Marken, Produktnamen, Gebrauchsnamen, Handelsnamen, Warenbezeichnungen u.s.w. in diesem Werk berechtigt auch ohne besondere Kennzeichnung nicht zu der Annahme, dass solche Namen im Sinne der Warenzeichen- und Markenschutzgesetzgebung als frei zu betrachten wären und daher von jedermann benutzt werden dürften.

Information bibliographique publiée par la Deutsche Nationalbibliothek: La Deutsche Nationalbibliothek inscrit cette publication à la Deutsche Nationalbibliografie; des données bibliographiques détaillées sont disponibles sur internet à l'adresse http://dnb.d-nb.de.
Toutes marques et noms de produits mentionnés dans ce livre demeurent sous la protection des marques, des marques déposées et des brevets, et sont des marques ou des marques déposées de leurs détenteurs respectifs. L'utilisation des marques, noms de produits, noms communs, noms commerciaux, descriptions de produits, etc, même sans qu'ils soient mentionnés de façon particulière dans ce livre ne signifie en aucune façon que ces noms peuvent être utilisés sans restriction à l'égard de la législation pour la protection des marques et des marques déposées et pourraient donc être utilisés par quiconque.

Coverbild / Photo de couverture: www.ingimage.com

Verlag / Editeur:
Presses Académiques Francophones
ist ein Imprint der / est une marque déposée de
OmniScriptum GmbH & Co. KG
Heinrich-Böcking-Str. 6-8, 66121 Saarbrücken, Deutschland / Allemagne
Email: info@presses-academiques.com

Herstellung: siehe letzte Seite /
Impression: voir la dernière page
ISBN: 978-3-8416-3000-1

Zugl. / Agréé par: Alger, Ecole Nationale Polytechnique, Alger, 2008

Copyright / Droit d'auteur © 2014 OmniScriptum GmbH & Co. KG
Alle Rechte vorbehalten. / Tous droits réservés. Saarbrücken 2014

Liste des figures

Figure 1.1 Structure générale d'algorithme de programmation quadratique successive (SQP)..................20

Figure 1.2 Organigramme à deux niveaux pour la résolution de l'ORPP utilisant la décomposition de Benders.........24

Figure 1.3 Décomposition proposée..31

Figure 1.4 Organigramme à deux niveaux du problème de planification d'énergie réactive.........................32

Figure 2.1 Classification des métaheuristiques..36

Figure 2.2 Minimum local et global...37

Figure 2.3. Structure générale de l'algorithme du recuit simulé..41

Figure 2.4 Illustration de l'espace de recherche dans la méthode recherche taboue................................44

Figure 2.5 Espace de solution..45

Figure 2.6 Structure générale de l'algorithme de recherche taboue..46

Figure 2.7 Sélection par la méthode de la roue biaisée...50

Figure 2.8 Croisement : a) simple, b) double, c) uniforme..50

Figure 2.9 Mutation sur un individu...50

Figure 2.10 Algorithmes génétiques...51

Figure 2.11 Algorithme micro-génétique...52

Figure 2.12 Algorithme de base d'une stratégie d'évolution...54

Figure 2.13 Concept de modification d'un point de recherche par l'OEP...59

Figure 2.14 Allure de la fonction pour n = 1..60

Figure 2.15 Allure de la fonction pour n = 2..61

Figure 3.1 Organigramme d'optimisation du sous-problème de fonctionnement....................................69

Figure 3.2 Fonction de pénalité..70

Figure 3.3 Organigramme de l'écoulement de puissance découplé rapide..75

Figure 3.4 Variation de la fonction d'adaptation en fonction du nombre de générations dans le cas de l'AG et l'$A\mu G$ (IEEE 14 nœuds)..77

Figure 3.5 Variation des pertes actives en fonction du nombre de générations dans le cas de l'AG et l'$A\mu G$ (IEEE 14 nœuds)..77

Figure 3.6 Variation des pertes actives en fonction du nombre d'itérations dans le cas de la SE (IEEE 14 noeuds)..78

Figure 3.7 Variation des pertes actives en fonction du nombre d'itérations dans le cas de l'OEP (IEEE 14 nœuds)..78

Figure 3.8 Variation de la fonction objectif en fonction du nombre de diversifications dans le cas du *RT* (IEEE 14 noeuds)..79

Figure 3.9 Variation des pertes actives en fonction du nombre de diversifications dans le cas du *RT* (IEEE 14 noeuds)...79

Figure 3.10 Variation de la température en fonction du nombre d'itérations dans le cas du *RS* (IEEE 14 nœuds)..80

Figure 3.11 Variation des pertes actives en fonction du nombre d'itérations dans le cas du *RS* (IEEE 14 noeuds)...80

Figure 3.12 Variation de N_{up}, N_{down} et N_{rej} en fonction du nombre d'itérations (IEEE 14 noeuds)...................81

Figure 3.13 Variation de VM_2 et VM_7 en fonction du nombre d'itérations (IEEE 14 noeuds)...........................82

Figure 3.14 Temps d'exécutions en secondes pour les différentes méthodes..84

Figure 3.15 Variation des pertes actives en fonction du nombre de générations dans le cas de l'*AG* et l'*AµG* (IEEE 57 nœuds)..88

Figure 3.16 Variation des pertes actives en fonction du nombre d'itérations dans le cas de la *SE* (IEEE 57 nœuds)...88

Figure 3.17 Variation des pertes actives en fonction du nombre d'itérations dans le cas de l'*OEP* (IEEE 57 nœuds)...89

Figure 3.18 Variation des pertes actives en fonction du nombre de diversifications dans le cas de la *RT* (IEEE 57 noeuds)...89

Figure 3.19 Variation des pertes actives en fonction du nombre d'itérations dans le cas du *RS* (IEEE 57 noeuds)..90

Figure 3.20 Variation de N_{up}, N_{down} et N_{rej} en fonction du nombre d'itérations (IEEE 57 noeuds)..................90

Figure 3.21 Variation de VM_1 et VM_{22} en fonction du nombre d'itérations (IEEE 57 noeuds).........................91

Figure 3.22 Amplitudes de tensions aux nœuds de charge après optimisation (IEEE 57 noeuds).......................92

Figure 3.23 Echantillon d'amplitudes de tensions aux nœuds de charge après optimisation (Réseau Algérien 114 noeuds)...96

Figure 3.24 Variation des pertes actives en fonction du nombre de générations dans le cas de l'*AµG* (Réseau Algérien 114 nœuds)...96

Figure 3.25 Variation des pertes actives en fonction du nombre de générations dans le cas de l'*AG* (Réseau Algérien 114 nœuds)...97

Figure 3.26 Variation des pertes actives en fonction du nombre d'itérations dans le cas de la *SE* (Réseau Algérien 114 nœuds)...97

Figure 3.27 Variation des pertes actives en fonction du nombre d'itérations dans le cas de l'*OEP* (Réseau Algérien 114 nœuds)...98

Figure 3.28 Variation des pertes actives en fonction du nombre de diversifications dans le cas du *RT* (Réseau Algérien 114 nœuds)...98

Figure 3.29 Variation des pertes actives en fonction du nombre d'itérations dans le cas du RS (Réseau Algérien 114 nœuds)..99

Figure 3.30 Temps de calcul des différentes métaheuristiques (Réseau Algérien 114 nœuds).........................99

Figure 4.1 Méthodologie de résolution..104

Figure 4.2 Problème d'optimisation **Q/V**...106

Figure 4.3 Organigramme d'un algorithme à deux niveaux pour la planification en mode correctif..................114

Figure 5.1 Organigramme global du problème de planification d'énergie réactive..114

Figure 5.2 Volume de compensation à installer pour différents cas pour la combinaison SE/RS (Réseau Algérien 114 noeuds)..140

Figure 5.3 Variation des pertes actives pour différents cas pour la combinaison SE/RS (Réseau Algérien 114 noeuds)..140

Figure B.1. Topologie du Réseau IEEE 14 nœuds..159

Figure B.2. Topologie du Réseau IEEE 57 nœuds..162

Figure B.3 Topologie du Réseau Algérien (114 nœuds)...167

Liste des tableaux

Tableau 2.1 Paramètres de contrôle des différentes métaheuristiques..61

Tableau 2.2 Résultats obtenus par les différentes métaheuristiques..62

Tableau 3.1 Différentes versions de *FDL*..73

Tableau 3.2 Paramètres de contrôle des différentes métaheuristiques (Réseau IEEE 14 noeuds)............76

Tableau 3.3 Amplitudes de tensions (*p.u.*) aux nœuds de contrôle et pertes actives avant et après optimisation (IEEE 14 noeuds: cas 1)..82

Tableau 3.4 Rapports de transformation des régleurs en charge avant et après optimisation (IEEE 14 nœuds : cas 1)...83

Tableau 3.5 Temps d'exécutions en secondes pour les différentes méthodes..83

Tableau 3.6 Amplitudes de tensions (*p.u.*) aux nœuds de contrôle et pertes actives avant et après optimisation (IEEE 14 nœuds : cas 2)...81

Tableau 3.7 Rapports de transformation des régleurs en charge avant et après optimisation (IEEE 14 nœuds : Cas 2)...85

Tableau 3.8 Paramètres de contrôle des différentes métaheuristiques (Réseau IEEE 57 noeuds)............86

Tableau 3.9 Amplitudes de tensions (*p.u.*) aux nœuds de contrôle et pertes actives avant et après optimisation (IEEE 57 nœuds)..86

Tableau 3.10 Rapports de transformation des régleurs en charge avant et après optimisation (IEEE 57 noeuds)..87

Tableau 3.11 Paramètres de contrôle des différentes métaheuristiques (Réseau Algérien 114 noeuds)...93

Tableau 3.12 Amplitudes de tensions (*p.u.*) aux nœuds de contrôle et pertes actives avant et après optimisation (Réseau Algérien 114 nœuds)..94

Tableau 3.13 Rapports de transformation des régleurs en charge avant et après optimisation (Réseau Algérien 114 nœuds)..95

Tableau 5.1 paramètres de contrôle des différentes métaheuristiques (Réseau IEEE 14 noeuds).........120

Tableau 5.2 Solutions optimales obtenues (Réseau IEEE 14 noeuds)...121

Tableau 5.3 Module des tensions (*p.u.*) avant et après localisation des nouveaux moyens de compensation (Réseau IEEE 14 noeuds)..122

Tableau 5.4 Amplitudes de tensions (*p.u*) aux nœuds de contrôle et avant et après optimisation (Réseau IEEE 14 noeuds)...122

Tableau 5.5 Rapports de transformation des régleurs en charge avant et après optimisation (Réseau IEEE 14 noeuds)...122

Tableau 5.6 Solutions optimales pour différentes valeurs du facteur pénalisation (*AG/RS* : IEEE 14 noeuds)..123

Tableau 5.7 Solutions optimales pour différentes valeurs du facteur pondération (*AG/RS* : IEEE 14 noeuds)..124

Tableau 5.8 Paramètres de contrôle des différentes métaheuristiques (Réseau IEEE 57 noeuds).....................125

Tableau 5.9 Solutions optimales obtenues (Réseau IEEE 57 noeuds)...126

Tableau 5.10 Amplitudes de tensions (*p.u.*) aux nœuds les plus affectés avant et après optimisation (IEEE 57 noeuds)..127

Tableau 5.11 Amplitudes de tensions (*p.u.*) aux nœuds de contrôle avant et après optimisation (IEEE 57 noeuds)..128

Tableau 5.12 Rapports de transformation des régleurs en charge avant et après optimisation (IEEE 57 noeuds)..128

Tableau 5.13 Hypothèses de consommation aux nœuds de Bechar et Ain-Sefra...130

Tableau 5.14 Profil de tensions en fonction du niveau de charge...130

Tableau 5.15 Pertes actives en fonction du niveau de charge..130

Tableau 5.16 Paramètres de contrôle des différentes métaheuristiques (Réseau Algérien 114 noeuds)............131

Tableau 5.17 Solutions optimales obtenues pour le cas 1 (Réseau Algérien 114 noeuds)..............................132

Tableau 5.18 Amplitudes de tensions (*p.u.*) aux nœuds les plus affectés avant et après optimisation du cas 1 (Réseau Algérien 114 noeuds)...132

Tableau 5.19 Amplitudes de tensions (*p.u.*) aux nœuds de contrôle avant et après optimisation du cas 1 (Réseau Algérien 114 noeuds)...133

Tableau 5.20 Rapports de transformation des régleurs en charge avant et après optimisation du cas 1 (Réseau Algérien 114 noeuds)...134

Tableau 5.21 Solutions optimales obtenues pour le cas 2 (Réseau Algérien 114 noeuds)..............................135

Tableau 5.22 Amplitudes de tensions (*p.u.*) aux nœuds les plus affectés avant et après optimisation du cas 2 (Réseau Algérien 114 noeuds)...135

Tableau 5.23 Amplitudes de tensions (*p.u.*) aux nœuds de contrôle avant et après optimisation du cas 2 (Réseau Algérien 114 noeuds)...136

Tableau 5.24 Rapports de transformation des régleurs en charge avant et après optimisation du cas 2 (Réseau Algérien 114 noeuds)...136

Tableau 5.25 Solutions optimales obtenues pour le cas 3 (Réseau Algérien 114 noeuds)..............................138

Tableau 5.26 Amplitudes de tensions (*p.u.*) aux nœuds les plus affectés avant et après optimisation du cas 3 (Réseau Algérien 114 noeuds)...139

Tableau 5.27 Amplitudes de tensions (*p.u.*) aux nœuds de contrôle avant et après optimisation du cas 3 (Réseau Algérien 114 noeuds)...139

Tableau 5.28 Rapports de transformation des régleurs en charge avant et après optimisation du cas 3 (Réseau Algérien 114 noeuds)...140

Tableau 5.29 Solutions optimales obtenues pour le cas 4 (Réseau Algérien 114 noeuds)..................….......141

Tableau 5.30 Amplitudes de tensions (*p.u.*) aux nœuds les plus affectés avant et après optimisation du cas 4 (Réseau Algérien 114 noeuds).................................…..….............................142

Tableau 5.31 Amplitudes de tensions (*p.u.*) aux nœuds les plus affectés avant et après optimisation du cas 4 (Réseau Algérien 114 noeuds).......................................…...142

Tableau 5.32 Rapports de transformation des régleurs en charge avant et après optimisation du cas 4 (Réseau Algérien 114 noeuds)...…..143

Tableau B.1 Données des lignes (IEEE 14 nœuds)..................................….....................................143

Tableau B.2 Données des nœuds (IEEE 14 nœuds)...…...............164

Tableau B.3 Données des Transformateurs (IEEE 14 nœuds)..…...............164

Tableau B.4 Données des condensateurs statiques (IEEE 14 nœuds)..…...165

Tableau B.5 Données des Nœuds de Régulation (IEEE 14 nœuds)..….....165

Tableau B.6 Données des lignes (IEEE 57 nœuds)...…...166

Tableau B.7 Données des nœuds (IEEE 57 nœuds)..…..168

Tableau B.8 Données des Transformateurs (IEEE 57 nœuds)...…….................169

Tableau B.9 Données des condensateurs statiques (IEEE 57 nœuds) ....…...170

Tableau B.10 Données des Nœuds de Régulation (IEEE 57 nœuds)..…......................170

Tableau B.11 Données des lignes (Réseau Algérien 114 nœuds)...171

Tableau B.12 Données des nœuds (Réseau Algérien 114 nœuds)..….....173

Tableau B.13 Données des Transformateurs (Réseau Algérien 114 nœuds)..….…......177

Tableau B.14 Données des Nœuds de Régulation (Réseau Algérien 114 nœuds)..................….…..…..............177

Nomenclature

V_i	Module de la tension au noeud i
θ_i	Déphasage de la tension au noeud i
T_k	Rapport de transformation du $k^{ième}$ régleur en charge
P_{Gi}	Puissance active générée au noeud i
Q_{Gi}	Puissance réactive générée au noeud i
P_{Di}	Puissance active demandée au noeud i
Q_{Di}	Puissance réactive demandée au noeud i
R_{ij}, X_{ij}	Résistance et Réactance de la ligne ij
P_{ij}, Q_{ij}	Puissances active et réactive de transit
S_{ij}	Puissance transmise dans la branche i, j
G_{ij}	Conductance mutuelle entre les nœuds i et j
B_{ij}	Susceptance mutuelle entre les nœuds i et j
Y	Matrice admittance
S_{ijmax}	Limite thermique de la branche i, j
Q_{Gimin}, Q_{Gimax}	Limites sur les puissances réactives au nœud générateur i
Q_{Cimin}, Q_{Cimax}	Limites sur la capacité du compensateur installé au nœud i
T_{imin}, T_{imax}	Limites sur le rapport du régleur en charge au nœud i
q_{ci}, q_{ri}	Puissances réactive fournie ou absorbée par les compensateurs installés au noeud i
S_{ci}, S_{ri}	Coûts unitaires respectifs aux sources capacitives et inductives
N	Nombre total de nœuds
N_G	Nombre de générateurs
N_L	Nombre des noeuds de charge
N_t	Nombre de transformateurs
N_{cap}	Nombre de condensateurs shunts
$F(z)$	Coût de fonctionnement
$C(w)$	Coût d'investissement
ρ	Facteur de pondération
z	Vecteur des variables d'état du système
w	Vecteur des variables d'expansion
$f( )$	Fonction objectif
$g( )$	Contraintes égalités
$h( )$	Contraintes inégalités
$L( )$	Fonction de Lagrange ou le Lagrangien
H	Matrice Hessienne
α_i	Facteur de pénalisation

Acronymes et abréviations

OPF	Optimal Power Flow
ORPP	Optimal Reactive Power Planning
ORPF	Optimal Reactive Power Flow
FDLF	Fast Decouple Load Flow
LP	Linear Programming
NLP	Non Linear Programming
MIP	Mixed Integer Programming
GRG	Generalized Reduced Gradient
GR	Reduced Gradient
BFGS	Broyden-Fletcher-Goldfarb-Shanno
SQP	Successive Quadratic Programming
DWDM	Dantzig-Wolfe Decomposition Method
LRDM	Lagrange Relaxation Decomposition Method
BDM	Benders Decomposition Method
GBD	Generalized Benders Decomposition
CDA	Cross Decomposition Algorithm
ONN	Optimisation Neural Network
ANN	Artificial Neural Network
VSMM	Voltage Marginal stability Method
$A\mu G$	Algorithme micro-Génétique
AG	Algorithme Génétique
SE	Stratégie Evolutionnaire
OEP	Optimisation par Essaim de Particules
RS	Recuit Simulé
RT	Recherche Taboue

Sommaire

Introduction générale 1
  1 Introduction 1
  2 Objectifs et contributions 3
  3 Plan de la thèse 4

Chapitre 1 Formulation et méthodes de résolution de l'ORPP 6

  1.1 Introduction 6
  1.2 Gestion de la puissance réactive 8
    1.2.1 Objectifs du problème de gestion de la puissance réactive 9
    1.2.2 Formulation mathématique du problème de planification de la puissance Réactive 10
      1.2.2.1 Coût et contraintes de fonctionnement 11
      1.2.2.2 Coût et contraintes d'investissement 13
    1.2.3 Problème complet 14
  1.3 Méthodes de résolution du problème de planification de l'énergie réactive 15
    1.3.1 Méthodes de période conventionnelle 16
      1.3.1.1 Programmation non linéaire (NLP) 16
        a) Gradient Réduit Généralisé (GRG) 16
        b) Approche de Newton 18
        c) Programmation Quadratique Successive (SQP) 19
      1.3.1.2 Programmation Linéaire (LP) 20
      1.3.1.3 Programmation linéaire mixte en variables entières (MIP) 22
      1.3.1.4 Méthode de décomposition 22
        a) Méthode de décomposition de Dantzig-Wolfe ($DWDM$) ou décomposition Duale pour la programmation linéaire 22
        b) Méthode de décomposition de relaxation Lagrangienne ($LRDM$) 23
        c) Méthode de décomposition de Benders (BDM) 23
        d) Méthode de décomposition de Benders généralisée (GBD) 24

  e) Algorithme de décomposition croisée (*CDA*) 25
 1.3.2 Méthodes de période avancée.. 25
  1.3.2.1 Recuit simulé...26
  1.3.2.2 Algorithmes évolutionnaires...26
  1.3.2.3 Réseaux neurones d'optimisation...27
  1.3.2.4 Méthodes d'indices..28
   a) Analyse de Sensibilité..28
   b) Analyse profit coût (*CBA*) 29
   c) Méthode marginale de stabilité de tension (*VSMM*) 29
   d) Processus Hiérarchique Analytique (*AHP*) 30
1.4 Approche proposée 30
 1.4.1 Formulation mathématique du premier niveau 32
 1.4.2 Formulation mathématique du deuxième niveau..33
 1.4.3 Méthodes de résolution des deux niveaux...33
1.5 Conclusion..34

Chapitre 2 Métaheuristiques : classification, implantation et validation...........35

2.1 Introduction..35
2.2 Méthodes de recherche locale (à parcours) 36
 2.2.1 Recuit simulé..37
  2.2.1.1 Principe de fonctionnement..37
  2.2.1.2 Schéma de refroidissement 39
  2.2.1.3 Détermination de température initiale T_0 40
  2.2.1.4 Détermination du nombre de mouvements N_k. 40
  2.2.1.5 Détermination du taux décroissance 40
  2.2.1.6 Critères d'arrêt..41
 2.2.2 Recherche Taboue..42
  2.2.2.1 Principes Généraux 43
  2.2.2.2 Voisinage d'une Solution (Neighborhood) 44
2.3 Métaheuristiques à base de population..46
 2.3.1 Algorithmes évolutionnaires..47
 2.3.2 Algorithmes génétiques...48
  2.3.2.1 Paramètres..51
  2.3.2.2 Algorithme micro-génétique..52

2.3.3 Stratégies d'évolution 53
    2.3.3.1 Algorithme de base..54
    2.3.3.2 La recombinaison intermédiaire 55
    2.3.3.3 La mutation auto-adaptative...55
    2.3.3.4 La sélection déterministe...56
2.3.4 Optimisation par Essaim de Particules..57
    2.3.4.1 Qu'est-ce que l'optimisation par essaim de particules? 57
    2.3.4.2 Concept de base. 57
2.4 Validation des programmes élaborés...60
2.5 Conclusion..64

Chapitre 3 Ecoulement optimal de puissance réactive 65

3.1 Introduction..65
3.2 Écoulement optimal de puissance réactive..66
    3.2.1 Formulation mathématique...66
    3.2.2 Algorithme de résolution..68
    3.2.3 Traitement des contraintes fonctionnelles..68
    3.2.4 Traitement des variables discrètes..70
3.3 Écoulement de puissance découplé rapide (*FDLF*) 71
3.4 Applications des métaheuristiques à l'*ORPF*..76
    3.4.1 Réseau modèle IEEE 14 noeuds..76
    3.4.2 Réseau modèle IEEE 57 noeuds..85
    3.4.3 Réseau Algérien 114 noeuds..93
3.5 Discussion des résultats..100
3.6 Conclusion..102

Chapitre 4 L'ORPP en régime d'incidents 103

4.1 Introduction..103
4.2 Méthodologie de résolution..103
4.3 Choix des noeuds candidats...104
    4.3.1 Formulation adoptée au sous-problème de fonctionnement....................105
    4.3.2 Interprétation des facteurs de Lagrange 107
4.4 Choix du facteur de pondération 109
4.5 Régime d'incidents...110

4.5.1 Incidents étudiés 111
    a) Élimination d'une ligne ou d'un transformateur. 111
    b) Élimination d'une génération..113
4.5.2 Mode correctif 113
4.6 Conclusion...116

Chapitre 5 Résultats et interprétations 117

5.1 Introduction...117
5.2 Hypothèses des programmes...117
5.3 Applications aux réseaux modèles...119
    5.3.1 Réseau modèle IEEE 14 noeuds..119
    5.3.2 Réseau modèle IEEE 57 noeuds..124
5.4 Application au réseau Algérien...129
    5.4.1 Politique d'interconnexion des systèmes isolés au réseau national.........129
    5.4.2 Résultats du cas 1...131
    5.4.3 Résultats du cas 2...134
    5.4.4 Résultats du cas 3...137
    5.4.5 Résultats du cas 4...140
5.5 Conclusion..145

Conclusion générale...147

Bibliographie..150

Annexe A Méthode de Gradient Réduit [Dommel and Tinney] 160

Annexe B Données des différents réseaux..163

  Annexe B.1 Données du réseau modèle IEEE14 nœuds.................................163
  Annexe B.2 Données du réseau modèle IEEE 57 nœuds................................166
  Annexe B.3 Données du réseau Algérien 114 nœuds.....................................171

Introduction générale

1 Introduction

Le développement économique, social et industriel dans la société actuelle a contribué à une augmentation de la consommation de l'énergie électrique, qui a pour conséquence, un accroissement de puissances à générer, à transporter et à distribuer. Par conséquent, les réseaux d'énergie électrique deviennent de plus en plus grands et compliqués, d'où l'intérêt permanent de chercher les moyens adéquats afin de les exploiter efficacement et économiquement.

D'autre part, vu la taille d'un réseau électrique, en général, et la complexité des phénomènes dont il est siège, la conduite de ces systèmes de puissance, a toujours fait appel aux outils de calcul numérique les plus perfectionnés aidant à l'amélioration des contraintes techniques, économiques et de sécurité, auxquelles elle fait face.

Dans les grands réseaux d'énergie électrique, une répartition efficace de la puissance réactive est nécessaire pour maintenir la tension dans les limites acceptables de fonctionnement et pour contrôler les pertes de transmission. Le but principal de la planification de l'énergie réactive est la détermination du volume et la localisation optimale des moyens de compensation à installer pour assurer un fonctionnement sûr et économique.

La décision d'expansion peut avoir une grande influence sur le fonctionnement du système. Elle peut directement affecter la viabilité du système sous différentes situations anormales (lorsque la structure et/ou les paramètres du système sont modifiés de manière significative après un incident quelconque : élimination de ligne, de transformateur, de générateur...etc.). De plus, quand le système fonctionne dans un état normal, les pertes de transmission peuvent être réduites par des ajustements appropriés des moyens de compensation en énergie réactive. Lors des fonctionnements très longs, ceci peut contribuer à des économies considérables, mêmes si la réduction des pertes est petite. Cette aptitude de minimisation des pertes est liée aussi à la distribution des moyens de compensation dans le réseau électrique.

A cause de toutes ces considérations, le problème d'expansion ayant différents objectifs est très complexe. En particulier, deux aspects peuvent être identifiés [1] :

(i) un aspect d'investissement avec les variables de décisions associées,

(ii) un aspect de fonctionnement lié à la performance du réseau sous différentes conditions de fonctionnement.

Chacun de ces aspects peut être analysé séparément. Cependant, il est difficile de formuler et de résoudre le problème quand ces deux aspects sont intégrés et leurs relations communes considérées. Ainsi l'optimisation du problème de planification de puissance réactive (ORPP), est parmi les problèmes les plus classiques dans les réseaux électriques, mais aussi des plus ardus. En plus de la taille des variables qu'il implique, son aspect multi-objectifs et le nombre de contraintes, constituent un véritable défi pour les méthodes d'optimisation classiques. Ces méthodes font souvent appel à des analyses mathématiques très poussées, et exigent des formulations qui s'éloignent de la formulation naturelle du problème.

Le problème de la planification de l'énergie réactive a été déjà appréhendé par plusieurs approches comme en témoigne la littérature ; partant de méthodes d'optimisation conventionnelles et arrivant à de nouvelles techniques : métaheuristiques, réseaux neurones d'optimisation et méthodes des indices.

Les méthodes conventionnelles se basent sur un modèle complet du réseau pour effectuer une optimisation globale. Elles ont par conséquent besoin de données complètes. Cependant dans la réalité, ces données sont très difficiles à collecter et à échanger. De plus, elles sont parfois incohérentes et imprécises. Ajouté à cela, ces méthodes conventionnelles sont basées généralement sur des linéarisations successives et utilisent la première et la deuxième dérivée de la fonction objectif et de ses contraintes comme direction de recherche. Ces méthodes sont bonnes pour les fonctions objectifs quadratiques (déterministes) ayant un seul minimum. Cependant dans le cas du problème de planification de l'énergie réactive, les fonctions objectifs sont hyperquadratiques et contiennent ainsi plusieurs minimums locaux. Les méthodes conventionnelles peuvent converger seulement vers ces minimums locaux et peuvent parfois diverger.

Depuis quelques années, et pour surmonter ce problème, des techniques métaheuristiques sont de plus en plus appliquées. Ces méthodes en général n'exigent pas la convexité de la fonction objectif et ont une grande probabilité pour converger vers le minimum global.

2 Objectifs et contributions

Cette thèse s'inscrit dans le cadre de la résolution du problème de planification de l'énergie réactive d'un réseau électrique en utilisant des nouvelles techniques.

Dans ce travail, pour résoudre le problème d'optimisation de la planification de puissance réactive (*ORPP*), plusieurs métaheuristiques de type à population tels que les algorithmes génétiques, la stratégie évolutionnaire et l'optimisation par essaim de particules, ainsi que de type à parcours le recuit simulé et la technique de recherche taboue ont été utilisées.

C'est dans la perspective de mettre plus de lumière et démontrer l'efficacité de l'application de toutes ces techniques, que nous nous sommes intéressés à toutes ces métaheuristiques, à leurs aspects fondamentaux, ainsi que leur utilisation appliquée au problème de planification de la puissance réactive afin de voir les avantages qu'elles offrent.

Le choix des noeuds candidats est une étape très critique pour la convergence du programme global en régime normal ou en régime d'incidents de fonctionnement. Un mauvais choix des noeuds candidats peut ne pas donner du tout une solution comme il peut donner une solution non attractive et donc inacceptable en pratique.

L'un des buts essentiels de la planification de l'énergie réactive est aussi d'assurer la viabilité du système d'énergie électrique dans l'état d'incident. La stratégie suivie est celle dont le but est de prévoir et installer des moyens de compensation d'énergie réactive aux meilleures localisations pour que des ajustements correctifs nécessaires et suffisants s'enclenchent au moment opportun pour un ensemble d'incidents.

Les deux types d'incidents (ce sont les incidents majeurs) considérés sont:
- élimination d'une ligne ou d'un transformateur,
- élimination de la génération pour un noeud contrôlable.

Les contributions originales de cette thèse sont les suivantes :

➢ Nous avons proposé une approche basée sur la décomposition du problème complet de l'*ORPP* en un problème à deux niveaux. Le premier niveau optimise les pertes actives du réseau tout en ajustant les variables de contrôle responsables de l'ajustement de la puissance réactive. Dans le deuxième niveau, le coût global de fonctionnement et d'investissement est optimisé où seulement les nouvelles sources d'énergie réactive sont considérées comme des variables de contrôle. Les deux niveaux du programme s'alternent jusqu'à la convergence globale.

> Une combinaison simultanée de deux métaheuristiques l'une à population et l'autre à parcours est appliquée pour la résolution du problème global à deux niveaux de l'*ORPP* en régime normal ou en régime d'incident.

> Un critère pour la sélection des noeuds candidats se basant sur les valeurs des coefficients de Lagrange est choisi. Ceci peut être justifié par le fait que les coefficients de Lagrange représentent la variation marginale ou incrémentale de la fonction objectif à l'optimum par rapport aux contraintes égalités liées à l'énergie réactive.

3 Plan de la thèse

Pour cela, nous avons structuré notre travail comme suit :

Le premier Chapitre décrit la dérivation du problème de planification de l'énergie réactive (*ORPP*) à partir du problème global de l'écoulement de puissance optimale (*OPF*). Ensuite, une revue des différentes méthodes utilisées pour la résolution de ce problème à travers une large synthèse bibliographique du problème d'optimisation de la planification de puissance réactive est exposée.

Le Chapitre II concerne la classification et la présentation de plusieurs méthodes métaheuristiques qui seront adaptées pour la résolution du problème de planification de l'énergie réactive dans des réseaux électriques. Des programmes traduisant toutes ces méthodes sont élaborés, testés et validés sur des fonctions test.

Le Chapitre III sera consacré à la présentation de la formulation ainsi que la méthodologie suivie pour résoudre le sous-problème de fonctionnement. Pour résoudre ce problème d'optimisation non linéaire, différentes techniques métaheuristiques (à population et à parcours) sont utilisées. Pour valider les programmes élaborés, des applications sur des réseaux modèles (IEEE 14 et 57 nœuds) ainsi que sur le réseau Algérien ont été faites.

Dans le quatrième Chapitre, le choix des méthodes de résolution pour chacun des deux niveaux du problème global de la planification de l'énergie réactive (*ORPP*) est justifié. Un critère, se basant sur les valeurs des coefficients de Lagrange pour la sélection de l'ensemble des noeuds candidats est décrit. Le type d'incidents étudiés ainsi que l'analyse algorithmique du mode correctif de réajustement des moyens de compensation sont présentés en détail.

Dans le dernier Chapitre, les résultats de simulation suite à l'application de nos différents programmes, utilisant des combinaisons métaheuristiques, sur des réseaux modèles (IEEE 14 et

57 nœuds) sont présentés. Pour donner un aspect plus pratique à notre travail, une application sur le Réseau Algérien 114 nœuds est effectuée.

En conclusion, nous tenterons de dégager les perspectives futures de ce travail sur la base des résultats trouvés, et sur la base des différents problèmes rencontrés et intéressants à être examinés de près.

Chapitre 1

Formulation et méthodes de résolution de l'ORPP

1.1 Introduction

L'écoulement de charge optimal (*OPF*) constitue un problème statique d'optimisation non linéaire qui calcule, pour des états donnés des charges et des paramètres du système électrique, les consignes optimales des variables de contrôle électriques [2]. En général, les contraintes de ce problème sont non linéaires. Les variables de décision peuvent être continues ou entières. Ce problème peut être divisé en deux parties principales [3] :

- ***Partie planification*** : dans ce cas, l'écoulement de charge à long terme est étudié dont l'objectif est la détermination de l'équipement et des investissements requis pour assurer une bonne qualité de service.

- ***Partie fonctionnement*** : en fonctionnement, l'écoulement de charge à court terme est étudié pour employer les ressources existantes d'une manière efficace et économique.

La formulation du problème peut être modélisé de deux manières :

> **Manière découplée** : dans le modèle découplé le problème est décomposé en deux sous- problèmes [4] :

- sous- problème de puissance active : dans ce premier sous-problème dite de répartition économique de puissance active, le coût total de génération et de transactions est réduit au minimum.

- sous- problème de puissance réactive : dans ce second sous- problème qui représente en général un écoulement de puissance réactive optimal (*ORPF*), l'une des fonctions objectifs suivantes est réduite au minimum :
   a) pertes de puissance active,
   b) variation totale des variables de contrôle,
   c) le nombre de variables de contrôle à manipuler.

> **Manière couplée** : dans le modèle couplé, les deux sous-problèmes sont résolus simultanément.

Si le couplage est ignoré alors les sous-problèmes peuvent être résolus séparément. Les contraintes du problème peuvent être résumées ainsi [5] :

- **Puissances de transit** : les limites sur les puissances de transit dans les lignes de transport peuvent être exprimées en termes de courant électrique (ampères), de puissance apparente (MVA), de puissance active (MW), ou puissance réactive $(MVar)$.

- **Modules des tensions nodales** : des contraintes sur les modules des tensions aux nœuds de charge, aux nœuds générateurs, aux nœuds de contrôle ainsi qu'au nœud balancier peuvent être imposées.

- **L'échange de puissance (MW-MVar) entre zones** : s'il existe des conventions d'échange d'énergie électrique entre des compagnies voisines, les limites sur les échanges de puissance active et réactive sont considérées comme contraintes.

- **Limites sur la production active des générateurs** : toutes les limites sur la production active totale d'électricité de tous les groupes générateurs peuvent être imposées comme contraintes.

- **Limites sur la production réactive des générateurs** : les limites sur la production ou la consommation de la puissance réactive des générateurs sont imposées par cette contrainte.

- **Limites de sécurité sur la phase de tension** : cette contrainte est liée à la différence maximale de phase entre les noeuds adjacents.

Dans un écoulement de charge optimal, les variables de contrôle peuvent être choisies parmi :

◊ **Puissance active générée** : cette variable est généralement utilisée comme une variable de contrôle pour la répartition de la puissance active, et rarement pour la répartition de la puissance réactive.

◊ **Rapports de transformation (des transformateurs déphaseurs et régleurs en charge)** : les rapports des transformateurs déphaseurs et régleurs en charge sont généralement employés dans la répartition de puissance active et réactive respectivement.

◊ **Puissance active transitant dans une ligne HT à courant continu (HVDC)** : de tels liens sont normalement entre deux compagnies de service différents; leur puissance active de transit peut être employé comme variable de contrôle dans la répartition de puissance active.

◊ **Puissance active échangée entre zones** : cette variable qui dépend des contrats de transactions est très utilisée comme variable de contrôle pour la répartition de la puissance active.

◊ **Modules des tensions ou puissances réactives générées aux nœuds générateurs** : le module de tension ou la puissance réactive au nœud générateur peut être choisi comme variable de contrôle. L'autre variable devient une variable d'état (dépendante).

◊ **Compensateurs synchrones** : cette variable de contrôle peut être utilisée comme source continue d'énergie réactive.

◊ **Condensateurs et inductances shunt** : ces sources de puissance réactive sont généralement traitées en tant que variables de contrôles discrètes.

◊ **Compensateurs statiques** : ces dispositifs sont principalement utilisés pour l'amélioration de la stabilité des réseaux électriques, et peuvent également être employés en tant que variables de contrôle continues dans un écoulement de puissance réactive optimal (*ORPF*).

◊ **Délestage** : ce facteur n'est pas généralement une bonne variable pour l'écoulement de charge optimal (*OPF*) ; cependant, dans des cas d'urgence il peut être utilisée comme variable de contrôle.

1.2 Gestion de la puissance réactive

Deux aspects sont étudiés dans le problème de la gestion de la puissance réactive :

- **Planification de la puissance réactive (Var Planning)** : l'objectif concerne la planification à moyen et long terme de la disponibilité de puissance réactive dans le réseau à travers l'exploitation de toutes les sources de puissance réactive disponible et l'investissement dans l'installation de nouvelles sources tout en respectant le profil de tension du réseau en état normal de fonctionnement ou en état d'incidents.

- **Répartition de la puissance réactive (Var Dispatch)** : dans ce cas, il s'agit de déterminer le coût optimisé (minimum) d'investissement des nouvelles installations de compensation capacitive et /ou inductive. En général, le contrôle de la puissance réactive pour le fonctionnement à court terme est considéré. Ce contrôle peut être fait hors ligne ou en ligne. Dans l'approche hors ligne, le problème est résolu pour les quelques jours ou heures suivantes et la solution est stockée pour l'exécution en temps réel postérieure, alors que dans le contrôle en temps réel, les consignes de génération de la puissance réactive sont immédiatement déterminées et mises en application.

1.2.1 Objectifs du problème de gestion de la puissance réactive

Le problème de la localisation des nouveaux moyens de compensation et la répartition optimale de la puissance réactive ont attiré beaucoup d'attention pendant les trois dernières décennies, voir les très nombreuses références y afférentes [6-61].

Dans la plupart des applications, le problème de la planification de la puissance réactive [6-29] est séparé de celui de la répartition de puissance réactive [30-58]. Cependant, dans certains cas [3], [59-61] les deux problèmes sont confondus.

Les objectifs principaux de l'étude de la gestion de la puissance réactive ciblent trois aspects importants dans les systèmes des réseaux électriques :

> Le premier objectif vise à maintenir le plan de tension du réseau dans une plage acceptable $(Vmin \leq V \leq Vmax)$ [47].

> Le deuxième objectif est de réduire au minimum le coût d'investissement des nouvelles sources d'énergie réactive et /ou les pertes actives du réseau tout en respectant le premier objectif [3, 42].

> Le but du troisième objectif est d'éviter l'ajustement excessif de la configuration du système, c'est-à-dire réduire au minimum le changement des positions des régleurs en charge et la commutation (mise en et hors service) des sources d'énergie réactive pendant le fonctionnement du système.

L'objectif du plan de tension acceptable peut être étudié pour le régime de fonctionnement normal aussi bien que dans le régime d'incidents [5]. En fonctionnement normal, les pertes actives peuvent être optimisées grâce à la répartition optimale de puissance réactive. En régime d'incidents, les pertes actives sont réduites au minimum avec un plan de tension acceptable pour un ensemble d'incidents bien définie comme contraintes. Dans ce cas, les variables de contrôle sont en général les modules des tensions ou les puissances réactives générées aux nœuds générateurs, les rapports de transformation des régleurs en charge et les puissances réactives générées par les différents compensateurs d'énergie réactive, etc. Les contraintes incluent les limites sur les modules des tensions et les puissances réactives des générateurs, les limites des modules des tensions aux nœuds de charge, les limites de rapport des transformateurs régleurs en charge, les limites sur les volumes des différents compensateurs capacitifs ou inductifs, les équations égalités d'écoulement de charge à tous les nœuds, et les contraintes de sécurité, etc.

1.2.2 Formulation mathématique du problème de planification de la puissance réactive

La planification de la puissance réactive est une fonction intégrante du management de la puissance réactive. L'objectif de la planification de la puissance réactive est de minimiser le coût d'investissement dans les équipements de puissance réactive nécessaires pour permettre au réseau de fonctionner d'une manière acceptable, dans les conditions futures.

Ce problème nécessite la détermination de l'installation optimale des équipements qui satisferaient les différentes contraintes imposées au réseau. Le problème de planification de puissance réactive est mathématiquement large, vu le nombre de variables et de contraintes qu'il fait intervenir.

Il faut préciser que dans cette thèse, nous nous sommes intéressés principalement au problème de planification de la puissance réactive à court terme. Aussi, notre approche est un prolongement de travaux sur lesquels nous nous sommes penchés depuis quelques années [62-65]. Comme hypothèses de base, nous avons adopté les considérations suivantes :

- L'investissement est entrepris pour améliorer le fonctionnement du réseau face à des conditions futures. Le dimensionnement des sources réactives suit une estimation du niveau de charge le plus critique que le réseau pourra subir dans quelques années.

- L'amélioration du fonctionnement du réseau est mesurée par les pertes actives, donc le coût de fonctionnement, ainsi que des fonctions de qualité traduisant les violations sur les contraintes de tension.

Considérons un réseau électrique sujet à un ensemble de contraintes de fonctionnement et considérons la décision d'ajouter de nouveaux dispositifs générateurs d'énergie réactive de la meilleure façon possible. Pour cela il faut connaître:
    - la forme de la fonction coût de fonctionnement,
    - la forme de la fonction coût d'investissement,
    - l'ensemble des noeuds candidats et
    - le type d'équipement d'énergie réactive.

Soit $C(w)$ la fonction de coût d'investissement dont w est un vecteur de variables d'expansion qui sera détaillé par la suite. Soit également $F(z)$ la fonction de coût de fonctionnement du système où z est un vecteur des variables d'état.

La fonction objectif complète $J(z,w)$, qui dépend des variables d'expansion et des variables d'état du système, peut être définie comme étant la somme pondérée [1] de $C(w)$ et de $F(z)$ suivante:

$$J(z,w) = C(w) + \rho F(z,w) \quad \rho > 0 \qquad (1.1)$$

Le vecteur d'état z du système est défini par:

$$z = (P_{Gi}, Q_{Gi}, V_i, \theta_i, T_k) \quad i = 1,...,N; \quad k = 1,...,N_t \qquad (1.2)$$

où N : nombre total des noeuds dans le réseau,
N_t : nombre des régleurs en charge dans le système,
P_{Gi} : puissance active générée au noeud i,
Q_{Gi} : puissance réactive générée au noeud i,
V_i : module de la tension au noeud i,
θ_i : déphasage de la tension au noeud i,
T_k : rapport de transformation du $k^{ième}$ régleur en charge.

Les puissances demandées P_D et Q_D en chaque noeud de charge sont considérées comme des constantes connues.

Le coût de fonctionnement $F(z)$ et le coût d'expansion $C(w)$ et leurs contraintes associées en fonction de z et de w sont discutés dans les sous-chapitres suivants.

1.2.2.1 Coût et contraintes de fonctionnement

Le coût de fonctionnement du réseau est estimé en termes de pertes actives. En quelque sorte, c'est une mesure de viabilité du bon fonctionnement du système. Les pertes actives dans un réseau électrique, peuvent être déterminées en utilisant le calcul d'écoulement de puissance.

La formulation du coût de fonctionnement est comme suit :

$$F(z,w) = Ploss \qquad (1.3)$$

Il faut noter qu'une formulation quadratique des pertes n'est pas nécessaire, du fait que les méthodes métaheuristiques n'ont aucune restriction sur la forme des fonctions objectifs ou des contraintes.

La structure d'un réseau électrique (en régime normal ou en régime d'incident) est caractérisée par sa matrice admittance $Y = G + jB$ et les caractéristiques de charge. Pour une structure donnée, les contraintes de fonctionnement du système peuvent être classées en :

> **Contraintes égalités**

Les contraintes égalités de fonctionnement sont définies par les équations d'écoulement de puissance, correspondant à un point de fonctionnement du réseau, pour une configuration de charge et de génération donnée :

$$P_{Gi} - P_{Di} - V_i \sum_{j=1}^{N} V_j(G_{ij}cos\theta_{ij} + B_{ij}sin\theta_{ij}) = 0$$
$$Q_{Gi} - Q_{Di} - V_i \sum_{j=1}^{N} V_j(G_{ij}cos\theta_{ij} - B_{ij}sin\theta_{ij}) = 0$$
$$i = 1, N \qquad (1.4)$$

Les contraintes de fonctionnement sont traitées par la procédure du calcul d'écoulement de puissance, pour un niveau de charge et une configuration de compensateurs donnés, ce qui nous permet d'avoir l'ensemble des paramètres du réseau.

> **Contraintes paramétriques**

Les contraintes paramétriques sont définies par l'ensemble des paramètres auxquels un contrôle direct existe, c'est-à-dire les limites de la génération des puissances actives, les limites des volumes des compensateurs, les limites sur les réglages des transformateurs, ainsi que les limites des tensions aux nœuds de génération et aux nœuds de régulation.

Les contraintes paramétriques définissent les limites de l'espace de recherche, une formulation explicite de ces contraintes par une fonction de pénalité n'est pas nécessaire. L'ensemble des contraintes paramétriques est comme suit [62-65]:

$$\begin{aligned} Q_{G_{i,min}} &\leq Q_{G_i} \leq Q_{G_{i,max}} & i = 1, N_G \\ Q_{C_{i,min}} &\leq Q_{C_i} \leq Q_{C_{i,max}} & i = 1, N_{cap} \\ T_{i,min} &\leq T_i \leq T_{i,max} & i = 1, N_t \\ V_{G_{i,min}} &\leq V_{G_i} \leq V_{G_{i,max}} & i = 1, N_G \end{aligned} \qquad (1.5)$$

où N_G : nombre des noeuds générateurs dans le réseau,

N_{cap} : nombre de noeuds ayant des sources d'énergie réactive seulement tels que des compensateurs statiques ou synchrones.

➢ **Contraintes dures**

Les contraintes dures enveloppent l'ensemble des paramètres du réseau auxquels aucun contrôle direct n'existe représentées par les tensions des nœuds de charges comme principales contraintes dures dans le réseau et les limites de sécurité sur la phase de tension, influencées principalement par l'écoulement de puissance réactive dans le réseau et formulées par :

$$V_{L_{i,min}} \leq V_{L_i} \leq V_{L_{i,max}} \quad i = 1, N_L$$
$$|\theta_i - \theta_j| \leq \phi_{ijmax} \quad i, j = 1, N \qquad (1.6)$$

où N_L : nombre des noeuds de charge dans le réseau,

ϕ_{ijmax} : différence maximale de phase entre les noeuds i et j.

ainsi que les contraintes sur les limites thermiques des lignes et des transformateurs donnée par :

$$S_{ij} \leq S_{ijmax} \quad i, j = 1, N \qquad (1.7)$$

où S_{ij} : puissance transmise dans la branche i, j.

S_{ijmax} : limite thermique de la branche i, j.

Et comme il n'existe aucun contrôle directe sur ces paramètres, nous assurerons la pleine satisfaction de ces contraintes soit en introduisant des fonctions de pénalités, soit en formulant des fonctions de qualité introduites comme des fonctions objectives supplémentaires.

Les contraintes dans les équations **(1.4)** à **(1.7)** peuvent être résumées par l'expression suivante:

$$S(z) \leq 0 \qquad (1.8)$$

1.2.2.2 Coût et contraintes d'investissement :

Soient q_{ci} et q_{ri} respectivement les puissances réactive fournie ou absorbée par les compensateurs installés au noeud i. Le coût d'investissement peut être considéré comme le coût des compensateurs installés ainsi que le coût de leur exploitation. En l'absence de données relatives au prix du *MVar* ainsi que du coût d'installation d'un compensateur, nous considérerons dans cette étude que le coût d'expansion varie linéairement en fonction du volume du compensateur à installer. Le $i^{ème}$ coût s'écrira alors :

$$C_i(w) = S_{ci} q_{ci} + S_{ri} q_{ri} \qquad (1.9)$$

où S_{ci} et S_{ri} représentent les coûts unitaires respectifs aux sources capacitives et inductives.

Le coût d'expansion total est donné ainsi par :

$$C(w) = \sum_{i=1}^{N} C_i(w) = \sum_{i=1}^{N} (S_{ci}q_{ci} + S_{ri}q_{ri})\delta_i \tag{1.10}$$

avec $\delta_i = \begin{cases} 1 & \text{si } i \in \Omega \\ 0 & \text{autrement} \end{cases}$

et Ω représente l'ensemble des noeuds candidats pour l'expansion de l'énergie réactive.

Le vecteur de décision w est donné par:

$$w = (q_{ci} : q_{ri}), \quad i \in \Omega \tag{1.11}$$

et par conséquent w possède une dimension plus petite que celle du vecteur z. Les contraintes correspondantes sont:

$$\begin{aligned} 0 \leq q_{ci} \leq q_{cimax} \\ 0 \leq q_{ri} \leq q_{rimax} \end{aligned} \quad i \in \Omega \tag{1.12}$$

où q_{cimax} et q_{rimax} sont les limites sur les volumes des compensateurs qui doivent être installés au noeud i à cause des considérations techniques.

Pour simplifier, on exprime cet ensemble de contraintes par:

$$R(w) \leq 0 \tag{1.13}$$

1.2.3 Problème complet

En combinant les deux fonctions coûts et leurs contraintes, le problème d'expansion complet devient :

$$\begin{aligned} & \min_{z,w} \; C(w) + \rho F(z,w) \\ & \text{sujet à} \quad S(z) \leq 0 \\ & \qquad\qquad R(w) \leq 0 \end{aligned} \tag{1.14}$$

En examinant la formulation du problème complet, il est facile de constater que c'est un problème complexe mixte non linéaire entière. Même pour un réseau électrique de taille modérée, le problème à traiter est de grande dimension et donc difficile à résoudre.

1.3 Etat de l'art des méthodes de résolution du problème de planification d'énergie réactive

Durant ces dernières décennies, les techniques de résolution du problème de planification de l'énergie réactive ont beaucoup évolué et des dizaines d'approches, dont chacune possède ses propres caractéristiques mathématiques et son calcul particulier, ont été développées. Cependant, les problèmes réels sont beaucoup plus compliqués que leurs formulations classiques. Ainsi, les méthodes utilisées changent considérablement dans leur adaptabilité à la modélisation et aux conditions de solution lorsqu'on passe d'une application à une autre. Par conséquent, il n'y a pas eu de formulation unique et d'approche de calcul standard qui convient à une grande partie de formulations du problème. La majorité des techniques présentées et discutées dans la littérature depuis une vingtaine d'années se classe dans une des catégories de méthodes suivantes, qui incluent également quelques sous-catégories [6]:

- Programmation Non-linéaire (*NLP*)
- Programmation Linéaire (*LP*)
- Programmation Mixte Entière (*MIP*)
- Méthode de Décomposition (*DM*)
- Recuit Simulé (*SA*)
- Algorithmes Évolutionnaires (*EAs*)
- Réseaux Neurones Artificiels (*ANN*)
- Méthodes d'Analyse de Sensibilités ou Sensitivité (*SMA*)

Plusieurs auteurs divisent les méthodes citées précédemment en deux groupes selon si elles peuvent trouver la solution optimale globale : un premier groupe comprend les méthodes conventionnelles d'optimisation impliquant la programmation non linéaire, la programmation linéaire, la programmation mixte entière, la méthode de décomposition (type Benders) ou encore les méthodes heuristiques ; l'autre contient des méthodes d'intelligence artificielle, également appelées des méthodes d'optimisation avancées contenant les métaheuristiques tel que le recuit simulé, les algorithmes évolutionnaires, optimisation par essaim de particules, recherche taboue, et autres, sans oublier les réseaux neurones artificiels.

Plusieurs algorithmes conventionnels d'optimisation pour le problème de planification de l'énergie réactive utilisent diverses techniques de recherche dites avides. Ces dernières n'acceptent que les changements qui apportent une amélioration immédiate et sont uniquement efficaces pour les problèmes d'optimisation avec une fonction objectif quadratique déterministe ayant un seul minimum. Cependant, elles aboutissent souvent à des optimums locaux plutôt qu'à l'optimum global et divergent parfois en minimisant deux fonctions objectives en même temps.

Récemment et pour remédier à ces inconvénients, de nouvelles méthodes d'optimisation avancées basées sur l'intelligence artificielle telle que le recuit simulé, les algorithmes évolutionnaires, et les réseaux neurones ont été employées pour la résolution du problème de planification de l'énergie réactive (RPP). De plus en plus, ces méthodes sont combinées avec des méthodes conventionnelles et des techniques nouvelles d'optimisation pour résoudre ce problème. En se rapportant à la classification précédente des méthodes en deux groupes, le développement du problème (RPP) peut être divisé, à notre sens, en deux périodes, "période conventionnelle" et "période avancée". Nous procéderons donc dans ce qui suit, à présenter les caractéristiques et les méthodes de chaque période.

1.3.1 Méthodes de période conventionnelle

1.3.1.1 Programmation non linéaire (*NLP*)

a) *Gradient Réduit Généralisé (GRG)*

Pour résoudre un problème de programmation non linéaire, la première étape est de choisir une direction de recherche du procédé itératif, déterminée par les dérivés partiels du premier ordre des équations (le gradient réduit). Ces méthodes sont souvent désignées sous le nom des méthodes de premier ordre. Lorsqu'elles sont appliquées au problème de la planification de l'énergie réactive (RPP) pour des systèmes électriques de grande taille, elles souffrent en général de deux inconvénients :

- Même si ces méthodes se caractérisent par une convergence globale indépendamment de la solution initiale, la convergence devient de plus en plus lente en raison du zigzag dans la direction de recherche, ce qui signifie que durant les itérations successives la trajectoire de la solution devient oscillatoire sans amélioration substantielle de la fonction objectif.
- Selon la solution initiale, différentes solutions "optimales" peuvent être obtenues parce que la méthode ne peut pas s'échapper d'un optimum local.

La méthode du gradient réduit généralisée n'est autre qu'une extrapolation de la méthode du gradient tenant compte des contraintes non linéaires. Elle est brièvement expliquée ci-dessous :

Considérons le problème suivant :

$$\text{Minimiser} \quad f(x)$$
$$\text{sujet à} \quad Ax = b \quad x \geq 0 \tag{1.15}$$

Notons que la matrice A peut être décomposée en $[B, N]$ correspondant à la décomposition de x^t en $[x^t_B, x^t_N]$.

avec x^t_B vecteur des variables de contrôle du système,

x^t_N vecteur des variables d'état du système,

B matrice inversible de taille $m \times m$.

Soit :

$$\nabla f(x)^t = \left[\nabla_B f(x)^t, \nabla_N f(x)^t \right] \tag{1.16}$$

où $\nabla_B f(x)$ est le gradient par rapport au vecteur des variables de contrôle x_B.

Il faut rappeler qu'une direction d est une direction de descente de f au point x si et seulement si :

$$\nabla_B f(x) d < 0 \tag{1.17}$$

En général, l'algorithme du gradient réduit suit les étapes suivantes :

- *Etape1* : On spécifie un vecteur de direction $d_k = [d_B, d_N]$ où d_N et d_B sont obtenus ainsi :

I_k = ensemble d'index des m plus grandes composantes de x_k

On définit :

$$r^t = \nabla f(x_k)^t - \nabla_B f(x)^t B^{-1} A$$
$$d_j = \begin{cases} -r_j & \text{si } j \notin I_k \text{ et } r_j \leq 0 \\ -x_j r_j & \text{si } j \notin I_k \text{ et } r_j > 0 \end{cases} \tag{1.18}$$
$$d_B = -B^{-1} N d_N$$

- *Etape2* : Une recherche est exécutée le long d_k.

$$\text{Minimiser} \quad f(x_k + \lambda d_k)$$
$$\text{sujet à} \quad 0 \leq \lambda \leq \lambda_{max} \tag{1.19}$$

Posons :

$$x' = x_k + \lambda d_k \qquad (1.20)$$

- <u>Etape3</u> : Dans le problème principal supposons $Ax=h(x)$; puisque $h(x')=0$ n'est pas nécessairement satisfaite, on a besoin d'une étape de correction. A cette fin, on utilise la méthode de Newton Raphson pour obtenir x_{k+1} satisfaisant $h(x_{k+1})=0$. Remplacer k par $k+1$ et retourner à l'étape 1.

Wu et al. [7] ont développé un algorithme faisant introduire des caractéristiques de la méthode de gradient réduit généralisée et les fonctions de pénalités. A chaque itération, un gradient réduit modifié est utilisé pour fournir une direction du mouvement.

b) Approche de Newton

La méthode de Newton exige le calcul de la dérivée seconde (Hessienne) des équations de l'écoulement de puissance et d'autres contraintes. Ce type de méthodes s'appelle méthode de second ordre.

Pour une fonction $f(x)$ objectif, la méthode de Newton définit la direction de recherche

$$d_k = -H(x_k)^{-1} \nabla f(x_k) \qquad (1.21)$$

où $H(x_k)$ est la matrice Hessienne de $f(x)$ au point x_k.

En choisissant correctement la longueur du pas λ, la solution à l'itération suivante sera obtenue par l'expression suivante :

$$x_{k+1} = x_k + \lambda d_k \qquad (1.22)$$

Ce choix judicieux de λ peut garantir la convergence indépendamment du point initial, ce qui signifie une convergence globale.

Quelques méthodes quasi Newtoniennes, par exemple *BFGS* (Broyden-Fletcher-Goldfarb-Shanno) se caractérisent par la convergence globale. La méthode de Newton a été développée pour le problème de la planification de l'énergie réactive dans [19].

c) Programmation Quadratique Successive (SQP)

Les méthodes de programmation quadratique successive (*SQP*) également connues sous le nom de programmation séquentielle, ou programmation quadratique récursive, utilisent la méthode de Newton (ou les méthodes quasi-Newtoniennes) pour résoudre directement les conditions de Karush-Kuhn-Tucker (*KKT*) pour le problème primal. Le principe de la méthode *SQP* repose sur une reformulation itérative du problème *NLP* en un problème de programmation quadratique (*QP*), au moyen d'une approximation quadratique du Lagrangien de la fonction objectif et d'une linéarisation des contraintes. Le problème *QP* résiduel est ensuite résolu, pour chaque itération.

Pour présenter le concept de cette méthode, considérons le problème non linéaire suivant (on suppose que toutes les fonctions sont continues et possèdent la deuxième dérivée) :

$$\begin{aligned} & Minimiser \quad f(x) \\ & sujet\ à \quad h_i(x) = 0 \quad i = 1,\ldots,l \end{aligned} \tag{1.23}$$

Le Hessien du Lagrangien au point x_k est donné par l'expression suivante :

$$\nabla^2 L(x_k) = \nabla^2 f(x_k) + \sum_{i=1}^{l} v_{ki} \nabla^2 h(x_k) \tag{1.24}$$

avec v_k multiplicateur de Lagrange.

Notons ∇h le Jacobien de h.

Le sous-problème (*QP*) de minimisation quadratique est formulé mathématiquement comme suit :

$$\begin{aligned} & Minimiser \quad f(x_k) + \nabla f(x_k)^t d + \frac{1}{2} d^t \nabla^2 L(x_k) d \\ & sujet\ à \quad h_i(x_k) + \nabla h_i(x_k)^t d = 0 \quad i = 1,\ldots,l \end{aligned} \tag{1.25}$$

L'estimation des gradients est le point névralgique de cette méthode. Une bonne précision sur les gradients est nécessaire, car ils déterminent la direction de descente et ils interviennent dans les conditions d'arrêt de l'algorithme *SQP* présenté par la figure 1.1.

---

1. Initialisation de problème. Matrice Hessienne initialisée par la matrice identité
2. Évaluation de la fonction objectif et des contraintes
3. **Évaluation des gradients de la fonction objectif et des contraintes**
4. Résolution de sous-problème quadratique
5. Vérification des conditions d'arrêt ; si vérifiées : une solution est trouvée, sinon

> a. Estimation du Hessien
> b. Estimation des paramètres de Lagrange et de Kuhn-Tucker
> c. Estimation de la direction de descente d_k
> d. Estimation de la longueur du pas λ_k
> e. Calcul du nouveau point $x_{k+1} = x_k + \lambda_k d_k$
> 6. Retour à l'évaluation de la fonction objectif et des contraintes (2)

Figure 1.1. Structure générale d'algorithme de programmation quadratique successive (*SQP*).

Un des points forts de la méthode *SQP* réside dans son caractère «chemin non-faisable»: la progression vers la solution optimale est effectuée à partir de points intermédiaires «faisables» mais aussi «non faisables», proches du domaine des contraintes. Ainsi, contrairement à de nombreuses méthodes qui vérifient les contraintes à chaque itération, la méthode *SQP* n'impose le respect des contraintes que pour la solution finale. Cette caractéristique, associée à la technique *BFGS* d'estimation de l'inverse de la matrice Hessienne, conduit à faire de la méthode *SQP* utilisée, une méthode extrêmement rapide. Par conséquent, la méthode *SQP* est meilleure que la méthode de *GRG* en ce qui concerne le taux de convergence. En outre, une méthode de second ordre correctement appliquée à la résolution de l'*ORPP* est robuste quelque soit le point initiale, ce qui veut dire qu'elle est convergente globalement.

Kermanshahi et al. [20] ont proposé de résoudre le problème de la planification de la puissance réactive ORPP par la méthode de programmation quadratique successive (*SQP*).

1.3.1.2 Programmation Linéaire (*LP*)

Considérons le programme linéaire primal suivant :

$$\begin{aligned} & Minimiser \quad cx \\ & sujet\ à \quad Ax = b \quad x \geq 0 \end{aligned} \quad (1.26)$$

Le problème dual peut être formulé comme suit :

$$\begin{aligned} & Maximiser \quad wb \\ & sujet\ à \quad wA \leq c \end{aligned} \quad (1.27)$$

Ainsi, dans le cas des programmes linéaires, le problème dual n'implique pas les variables principales ; en outre, le problème dual lui même est un programme linéaire.

Mamandur et Chenoweth **[30]** ont développé un algorithme efficace basé sur la minimisation de pertes actives tout en satisfaisant les contraintes de performance sur les variables de contrôle du réseau. La méthode emploie une technique duale de programmation linéaire pour déterminer l'ajustement optimal des variables de contrôle, en respectant simultanément les contraintes sur les variables d'états.

Iba et al. **[61]** ont présenté un algorithme de programmation linéaire de base adapté à la minimisation de perte et à la minimisation du coût d'investissement. La fonction objectif est la somme de deux fonctions linéarisées, l'une représente l'effet des réductions des pertes actives et l'autre représente le coût de placement de nouvelles ressources d'énergie réactive.

Yehia et al. **[31]** ont proposé une nouvelle méthodologie de programmation linéaire pour une distribution optimale des moyens de compensation de l'énergie réactive en intégrant simultanément les deux aspects technique et économique du problème. Une méthode simplexe modifié a été adoptée pour résoudre le problème de programmation linéaire.

Thomas et al. **[21]** ont proposé une autre technique de programmation linéaire de base qui linéarise le problème non linéaire d'optimisation de l'énergie réactive par rapport aux tensions nodales aux nœuds de contrôle. En considérant le régime des incidents, la technique basée sur la programmation linéaire a mené à l'élaboration d'un programme d'écoulement de puissance optimal tenant compte des contraintes sécurité. Ce programme peut traiter d'une manière acceptable des problèmes des réseaux électriques réels.

L'approche de programmation linéaire a plusieurs avantages. L'une d'elles est la fiabilité de l'optimisation, particulièrement les propriétés de convergence. Une autre est sa capacité d'identifier la non faisabilité du problème rapidement. Troisièmement, l'approche s'adapte à une grande variété de limites de fonctionnement de système de puissance, y compris les contraintes importantes du régime d'incidents.

Néanmoins, alors que l'approche de programmation linéaire a un certain nombre d'attributs importants, son étendue dans les applications de l'optimisation de l'énergie réactive est demeurée légèrement restreinte. Même pour des études récentes, il y a certains inconvénients comme : l'évaluation imprécise des pertes du système, la grande possibilité de tomber dans un minimum local et une aptitude insuffisante pour trouver une solution exacte.

1.3.1.3 Programmation linéaire mixte en variables entières (*MIP*)

La formulation d'un programme linéaire mixte en variables entières est comme suit :

$$Minimiser \quad z = c_1 x + c_2 y$$
$$sujet\ à \quad A_1 x + A_2 y \geq b \quad\quad (1.28)$$
$$x, y \geq 0 \quad y\ est\ entier.$$

Théoriquement, le problème de planification de l'énergie réactive peut être formulé comme un problème d'optimisation mixte non linéaire entière. Les variables prenant les valeurs entières 1 et 0 représentent si des nouveaux compensateurs doivent être installés ou non en un nœud candidat.

Aoki et al. [22] ont présenté une approche d'optimisation basée sur une technique de programmation récursive mixte linéaire entière utilisant une méthode d'approximation. Puisqu'il n'y a aucune solution mathématique générale aux problèmes de programmation mixte non linéaire entière, des approximations doivent être faites. Une technique de décomposition a été alors utilisée pour décomposer le problème en un sous problème continu et un sous problème discret. Cependant, un tel procédé rend les algorithmes plutôt complexes.

1.3.1.4 Méthodes de décomposition

Les méthodes de décomposition peuvent améliorer considérablement l'efficacité dans la résolution des réseaux de grandes tailles et ceci en réduisant les dimensions des différents sous-problèmes. Les résultats montrent une réduction significative du nombre d'itérations, temps de calcul exigé et de l'espace mémoire. En outre, la décomposition permet l'application des méthodes séparées pour la résolution de chacune des sous-problèmes, ce qui rend l'approche tout à fait intéressante.

a) *Méthode de décomposition de Dantzig-Wolfe (DWDM) ou décomposition duale pour la programmation linéaire*

La méthode $DWDM$ a été développée pour décomposer un problème d'optimisation d'un système d'énergie électrique en plusieurs sous problèmes, ainsi cette méthode est très rapide. La solution du problème principal dépend des solutions duales fournies par les sous problèmes. Le problème principal envoie un nouvel ensemble de coefficients de coût au sous problème et reçoit une nouvelle colonne basée sur ces coefficients de coût.

Deeb et Shahidehpour **[32]** ont appliqués cet algorithme à un réseau électrique de puissances de grande taille. La méthode proposée est robuste, non sensible à la réalisabilité du point initial, à la taille et au type de variables.

b) Méthode de décomposition de relaxation Lagrangienne (LRDM)

L'algorithme précédent de décomposition duale résout un sous problème dual et un problème principal jusqu'à ce que la solution optimale atteinte. Geoffrion **[66]** a prouvé que cette méthode peut être généralisée par l'intermédiaire de la relaxation Lagrangienne pour traiter la programmation mixte en variables entières (MIP), qui s'appelle la méthode de décomposition de relaxation Lagrangienne ($LRDM$).

c) Méthode de décomposition de Benders (BDM)

La méthode classique de Benders peut être appliquée aux problèmes de programmation linéaires séparables, et la méthode de Benders généralisée aux problèmes non linéaires séparables. La caractéristique particulière du BDM est qu'on peut souvent distinguer quelques variables "dures" y de plusieurs variables "faciles" x, et quand les variables dures sont fixées, le problème devient facile en le décomposant dans plusieurs sous problèmes qui peuvent être résolus séparément.

Gomez et al **[23]** ont prolongé l'approche de Benders pour représenter des conditions de fonctionnement normale et d'incidents d'un réseau d'énergie électrique. En régime d'incidents, cette méthodologie peut fournir un contrôle flexible des variables lors des actions correctives et préventives.

Dans un travail antécédent [62, 64], nous avons appliqué la décomposition de Benders pour la résolution du problème de l'ORPP en régime normal de fonctionnement ou en régime d'incidents. La figure 1.2 illustre l'organigramme suivi, il consiste en une approche à deux niveaux utilisant des méthodes classiques pour la résolution de chacun des deux niveaux. La solution de l'algorithme suit une procédure prescrite par la décomposition de Benders.

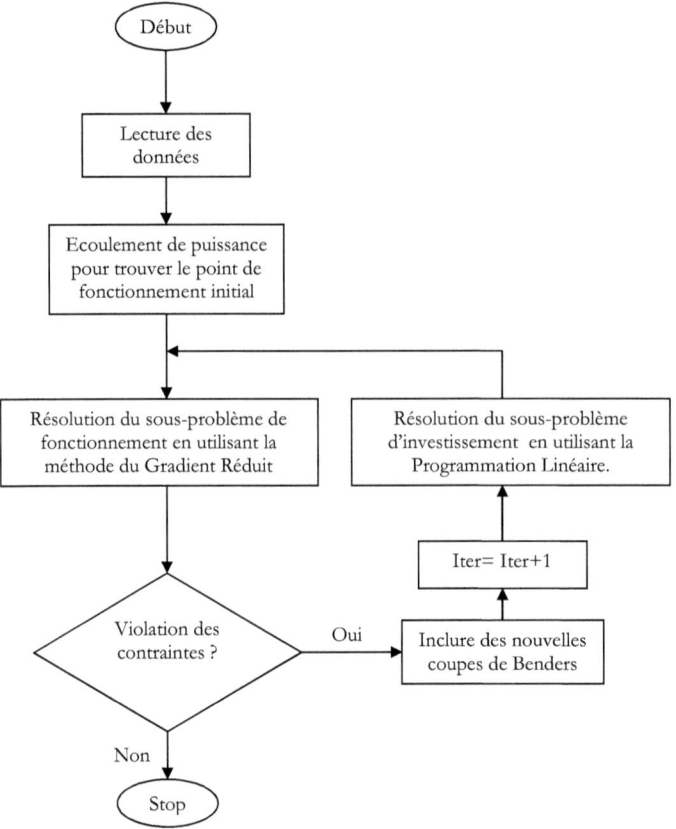

Figure 1.2 Organigramme à deux niveaux pour la résolution de l'ORPP utilisant la décomposition de Benders.

d) Méthode de décomposition de Benders généralisée (GBD)

La programmation linéaire, la programmation non linéaire et la programmation mixte en variables entières traitent tous le volume et le nombre des compensateurs comme des variables continus différentiables. L'approche préférée est celle qui décompose le problème en deux sous problèmes d'optimisation [67]:

- Un sous problème principal traitant la décision d'investissement d'installer de nouvelles sources d'énergie réactive,

- Un sous problème esclave traitant l'optimisation du fonctionnement.

Ces techniques emploient normalement la méthode de décomposition de Benders généralisée (*GBD*) pour décomposer le problème global en un sous problème continu et un sous problème discret. Cependant, la technique de *GBD* ne s'exécute pas toujours bien en résolvant des problèmes pratiques de l'optimisation de l'énergie réactive ; la convergence peut être garantie seulement sous quelques suppositions de convexité des fonctions objectifs du sous problème de fonctionnement, ainsi la solution ne peut pas toujours être garantie.

Hong et al [24] ont intégré l'écoulement de puissance optimale utilisant l'approche de Newton avec le décomposition de Benders généralisée (*GBD*) pour résoudre le problème de planification de l'énergie réactive à long terme. Abdul-Rahman et al. [17] ont poussé la technique *GBD* et l'ont combiné avec la logique floue. En outre, le problème de fonctionnement a été décomposé en 4 sous problèmes par l'intermédiaire de la décomposition de Dantzig Wolfe (DWD), menant à une réduction significative de ses dimensions. Une seconde DWD a été appliquée à chacune des sous problèmes.

e) Algorithme de décomposition croisée (CDA)

Deeb et al. [18] ont présenté un algorithme de décomposition croisée (*CDA*), qui est basé sur un processus itératif entre les sous problèmes du *BDM* et la méthode de décomposition de relaxation Lagrangienne (*LRDM*). Cette méthode a montré sa supériorité à travers la réduction du temps de calcul et de l'espace mémoire et ceci en limitant les itérations entre les sous problèmes principal et dual.

1.3.2 Méthodes de période avancée

Dans cette deuxième période, plusieurs nouvelles méthodes d'optimisation avancées tels que les métaheuristiques (recuit simulé, les algorithmes évolutionnaires,...) et celles basées sur l'intelligence artificielle tels les réseaux neurones ont été appliquées au problème de planification de l'énergie réactive. Toutes ces techniques ont montré leur capacité d'obtenir le minimum global et leur robustesse pour différents points de départs.

Le trait commun dans cette période est la combinaison de plusieurs méthodes, particulièrement une méthode de décomposition et d'une méthode d'intelligence artificielle. L'inconvénient commun est le temps d'exécution relativement long par rapport aux méthodes de la période classique. Dans le domaine de planification de l'énergie réactive, l'utilisation de ces nouvelles techniques accroît de plus en plus comme le démontre les travaux récents rapportés dans la littérature.

Dans ce qui suit, on va prospecter dans la littérature cette deuxième période pour citer quelques articles qui ont utilisés ces nouvelles techniques.

1.3.2.1 Recuit simulé

Hsiao et al. [25] ont proposé une méthodologie basée sur le recuit simulé pour déterminer le lieu, le type et le volume des nouvelles sources d'énergie réactive à installer ainsi que les consignes des autres sources réactives pour différentes conditions des charges. Pour accélérer l'algorithme proposé, l'écoulement de puissance découplé rapide légèrement modifié de charge a été inséré dans l'algorithme.

Dans [26], Hsiao et al. ont formulé le problème ORPP comme un problème d'optimisation multi objectif contraint et non différentiable et ont proposé pour la résolution un algorithme à deux niveaux basé sur la technique de recuit simulée et une méthode de contrainte. Cependant, seulement les nouvelles sources d'énergie réactive ont été injectées dans le programme d'écoulement de puissances tandis que les autres moyens existants tels que les générateurs et les transformateurs régleurs en charge n'ont pas été entièrement exploités. En outre, le recuit simulé prend beaucoup de temps pour trouver l'optimum global.

1.3.2.2 Algorithmes évolutionnaires

Ajjarapu et al. [33] ont proposé pour les algorithmes génétiques pour résoudre le problème de la localisation optimale des nouveaux moyens de compensation et ont conclut que les algorithmes génétiques offre une grande robustesse en :

- Recherchant la meilleure solution à partir d'une population aléatoire et non pas à partir d'un seul point.
- Évitant le calcul des dérivées et utilisant seulement l'information extraite de l'évaluation de la fonction objectif.
- À la différence de beaucoup de méthodes, les algorithmes génétiques utilisent une transition probabiliste pour guider leur recherche.

Iba [34] a proposé une approche, qui est basée sur les algorithmes génétiques, mais tout à fait différents des *AGs* conventionnels. Ces principaux caractéristiques sont : recherche dans des chemins multiples pour atteindre un optimum global ; emploi simultané de diverses fonctions objectifs ; traite des variables naturellement entières. Les résultats de validation ont montré de bonnes caractéristiques de convergence et une vitesse de calcul acceptable.

Urdaneta et al. [27] ont développé une technique hybride basée sur un algorithme génétique modifié. Ce dernier a été appliqué à un niveau supérieur du programme, et la programmation linéaire successive au niveau inférieur. Les lieux de compensation sont décidés au niveau supérieur, alors que le type et la taille de ces compensateurs sont déterminés au niveau inférieur. Cette décomposition est proposée pour tirer profit du fait qu'au niveau supérieur le problème de décision consiste seulement en variables binaires, représentant un problème d'optimisation combinatoire. Les algorithmes hybrides ont été proposés pour combiner leurs forces à la recherche des solutions globales avec la vitesse des algorithmes spécifiquement adaptés aux caractéristiques particulières du problème.

1.3.2.3 Réseaux neurones d'optimisation (*ONN*)

Les réseaux neurones d'optimisation (*ONN*) peuvent être employés pour résoudre des problèmes de programmation mathématiques et ces dernières années, ils ont attiré beaucoup d'attention. Kennedy et al. [68] ont présenté un modèle modifié de réseau neurone, qui peut être employé pour résoudre des problèmes de programmation non linéaires. Cependant, il y avait quelques problèmes pratiques lors de son implantation.

Récemment, Maa et al. [69] ont proposé un réseau neurone d'optimisation en deux phases dans lequel la stabilité et la praticabilité des réseaux neurones ont été modifiées dans une certaine mesure.

Zhu et al. [35] ont développé une nouvelle approche d'*ONN* pour optimiser le problème de puissance réactive. L'*ONN* change la solution du problème d'optimisation en point d'équilibre ou état d'équilibre d'un système dynamique non linéaire et change le critère optimal en fonctions d'énergie pour un système dynamique. En raison de sa structure parallèle et de l'évolution de la dynamique, l'approche d'*ONN* est supérieure aux méthodes traditionnelles d'optimisation.

Abdul-Rahman et al. [36] ont intégré la logique floue, les réseaux neurones artificiels et les systèmes experts dans le problème de contrôle de la puissance réactive en introduisant la variation aléatoire de la charge. L'*ONN* en collaboration avec la logique floue, est utilisé pour déterminer les valeurs des variables de contrôle correspondant aux données de la charge. Une exécution du programme de l'écoulement de puissance détermine l'état correspondant au système.

Les capacités d'apprentissage des réseaux neurones ont stimulé une montée subite d'intérêt à l'utilisation de l'intelligence artificielle (*AI*) pour la résolution en temps réel de différents problèmes de réseaux électriques. En outre, n'importe quelle insuffisance de modélisation dans l'application des approches algorithmiques aux systèmes d'énergie électrique peut faire détériorer l'approche correspondante. Cependant, les échecs de quelques neurones dans l'*ANN* peuvent dégrader seulement son exécution, on peut remédier complètement à de tels échecs avec un apprentissage additionnel.

1.3.2.4 Méthodes d'indices

Une autre manière pour l'arrangement et le choix des lieux de compensation de l'énergie réactive est l'utilisation de différents indices. Certains emploient seulement un seul index pour décider le lieu, tandis que d'autres combinent plusieurs indices avec différents poids. Ce qui suit est une introduction à plusieurs différentes méthodes d'indices.

a) Analyse de Sensibilité

Negnevitsky et al. [37] emploient l'indice de performance de stabilité (*SI*) :

$$SI_i = \sum_{j=1}^{N_g} S_{ji} \qquad (1.29)$$

où N_g est le nombre de générateurs,

S_{ji} est $j^{ème}$ élément dans la $i^{ème}$ colonne de la matrice de sensibilité S.

S est la matrice sensibilité de la puissance réactive du générateur par rapport à la puissance réactive de compensation, qui est définie par $\Delta Q_G / \Delta Q_L$ où ΔQ_G la variation de la puissance réactive au noeud générateur ; ΔQ_L est la variation de la puissance réactive au noeud de charge. Puisque le lieu le plus efficace d'un compensateur de puissance réactive est là où l'effet du fonctionnement du compensateur sur la réserve de la puissance réactive des générateurs est le plus important, c'est à dire la valeur de *SI* est la plus grande, ainsi le contrôle de la stabilité est meilleur.

Gribik et al. [38] ont calculé les sensibilités des pertes actives du système à la variation de la puissance active à tous les noeuds de charge du réseau et ceci pour faire un éventuel classement des lieux de compensation de l'énergie réactive.

Les deux articles précédents sont des exemples où seulement un seul indice de sensibilité a été employé, et tous les articles suivants ont plusieurs indices de sensibilité.

Ajjarapu et al. **[28]** ont utilisé la sensibilité du noeud, sensibilité de branche et sensibilité du générateur pour mesurer la marge de la limites de stabilité de la tension à l'état d'équilibre.

Refaey et al. **[29]** ont proposé une technique, combinant trois indices qui sont l'indice de performance de la tension (*VPI*), l'indice de stabilité au régime équilibré et l'indice de perte de puissance active. Les poids de pondération attribués à ces indices sont déterminés selon les valeurs de ces indices.

b) Analyse profit coût (CBA)

Dans l'analyse profit coût (*CBA*), tous les nœuds de charge ont été considérés comme des nœuds candidats pour l'installation des nouveaux moyens de compensation de l'énergie réactive, et l'analyse *CBA* est effectué pour déterminer lesquels des compensateurs sont rentables et quels sont leurs volumes.

Chattopadhyay et al. **[70]** ont effectué le *CBA* à la première étape et puis ils ont introduit les résultats de CBA dans le calcul de l'écoulement optimal de la puissance réactive. Cette approche est évidemment supérieure à l'approche traditionnelle dans laquelle les lieux de nouvelles sources d'énergie réactive sont simplement estimés ou directement assumés. Cependant, elle néglige l'effet de l'amélioration de tension et de la diminution de pertes actives du système dans les lieux choisis pour la compensation.

c) Méthode marginale de stabilité de tension (VSMM)

Dans le nouvel environnement concurrentiel, l'opérateur du système devrait considérer la sécurité de la tension et les pertes de transmission en même temps. L'indice du rapport profit coût et l'indice de sensibilité reflètent l'économie et la sensibilité dans le choix des lieux de compensation en régime normal de fonctionnement, mais ils ne peuvent pas refléter la sécurité ou la stabilité de tension en régime d'incidents.

Momoh et Zhu **[71]** ont présenté une méthode marginale de sécurité de tension (*VSMM*) pour calculer l'indice marginale de sécurité de tension nodale pour le choix des lieux de compensation, qui est défini par :

$$VSMM_i^t = \frac{V_i^t(0) - min[V_i^t(l)]}{V_i^t(0) - V_{i\min}} \qquad (1.30)$$

Où

$V_i^t(0)$ module de la tension au nœud i à l'instant t en régime normal,

$V_i^t(l)$ module de la tension au nœud i à l'instant t dans le cas de l'élimination de la ligne l,

$V_{i\min}$ limite minimale de la tension au nœud i,

$VSMM_i^t$ indice marginale horaire de sécurité de la tension.

d) Processus Hiérarchique Analytique (AHP)

Quand plusieurs indices sont utilisés pour un seul problème les résultats de classement des noeuds ne sont pas nécessairement les mêmes. Malheureusement, il est difficile de trouver un processus unique pour classer ces résultats.

Zhu et al. [35] ont proposé un processus hiérarchique analytique qui peut considérer largement l'effet de plusieurs indices indépendants et prend une décision unifiée selon de diverses matrices de jugement.

1.4 Approche proposée

En réexaminant la formulation du problème complet donnée par le système (1.14), il est facile de constater que les contraintes sont séparables en variables d'états z et variables d'expansion w, alors que la fonction objectif peut être séparée sous une certaine condition et que l'on fixe l'une des deux variables. De manière plus explicite:

1. La fonction objectif $J(z,w) = C(w)+\rho F(z,w)$ est séparable en sous fonctions de z et de w en fixant l'une des deux variables. $C(w)$ est une fonction mixte linéaire-entière en w, $F(z,w^*)$ est une fonction non linéaire en z, alors que $F(z^*,w)$ est une fonction mixte non linéaire-entière en w. w^* et z^* seront respectivement les variables d'expansion et d'état du système lorsqu'elles sont fixées.

2. Le système à résoudre comprend 2 ensembles de contraintes: un sous-ensemble de contraintes non linéaires concernant le vecteur z et un autre sous-ensemble de contraintes mixtes linéaires-entières concernant le vecteur w.

Vu les avantages des méthodes de décompositions déjà cités précédemment, une approche de décomposition sur la base de la séparation préconisée a été proposée. Cette approche décompose le problème en deux niveaux comme illustré par la figure 1.3. Le premier niveau représente un sous-problème de fonctionnement tandis que le second niveau est un sous-problème d'investissement.

La solution de l'algorithme adopté suit une procédure prescrite par l'approche de décomposition proposée. Le 1ᵉʳ niveau du programme, sous-problème de fonctionnement, minimise la fonction objectif *F(z,w)* tout en supposant que *w* est fixé. Soit *w** le vecteur des variables d'expansion fixée.

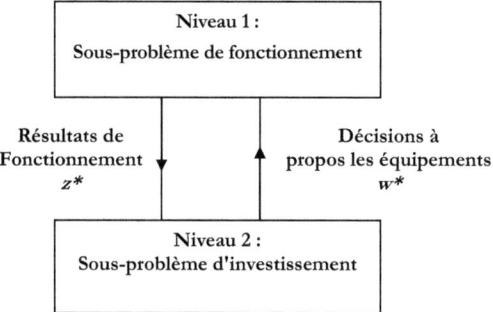

Figure 1.3. Décomposition proposée.

D'où :

$$\min_{z} \quad F(z, w^*)$$
$$sujet \; à : \; S(z) \leq 0 \tag{1.31}$$

La solution de ce sous-problème non linéaire donne la solution optimale du vecteur des variables d'état du système que l'on notera z^*.

Le sous-problème d'investissement suppose que l'état de fonctionnement z^* est donné, et minimise donc une fonction objectif de la forme :

$$C(w) + \rho F(z^*, w) \tag{1.32}$$

où $\rho{>}0$ est un facteur de pondération qui convertit le coût d'expansion et le coût de fonctionnement aux mêmes unités monétaires.

La solution de ce deuxième niveau du programme, *w*, spécifie les valeurs optimales des nouvelles sources l'énergie réactive à installer. Cette solution est injectée dans le premier niveau du programme qui va déterminer le meilleur état de fonctionnement sous ces nouvelles conditions. L'itération entre ces deux niveaux continue jusqu'à ce qu'aucune expansion ne puisse résulter.

L'organigramme de la résolution du problème global en régime normal est donné par la figure 1.4.

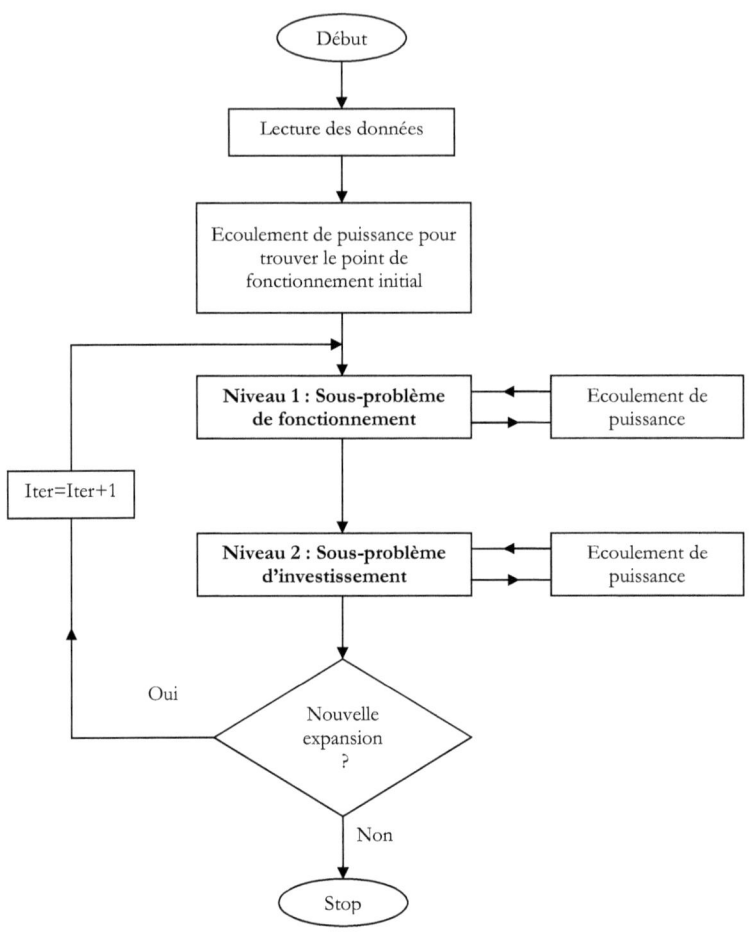

Figure 1.4 Organigramme à deux niveaux du problème de planification d'énergie réactive.

1.4.1 Formulation mathématique du premier niveau

C'est un écoulement optimal de puissance réactive.

A l'itération **k** nous avons:

$$\min_{z^k} \ F(z^k, w^{*(k-1)})$$
$$sujet \ à: \ S(z^k) \leq 0 \tag{1.33}$$

où k est l'index des itérations.

$w^{*(k-1)}$ est le vecteur d'expansion optimal obtenue à l'itération précédente.

Supposons z^{*k} la solution optimale du $k^{ième}$ premier niveau.

1.4.2 Formulation mathématique du deuxième niveau

C'est une expansion optimale des sources d'énergie réactive définie par :

$$\min_{w^k} \quad C(w^k) + \rho F(z^{*k}, w^k)$$
$$sujet\ à : \quad R(w^k) \leq 0 \tag{1.34}$$

La solution optimale de ce second niveau à la $k^{ième}$ itération est donnée par :

$$w^k = (q_{ci}^k : q_{ri}^k), \quad i \in \Omega \tag{1.35}$$

Il faut noter que nous ne pouvons pas avoir deux compensateurs de natures différentes en un seul lieu c'est-à-dire si l'un existe l'autre doit être obligatoirement nul. Alors, si n_c est le nombre des noeuds candidats, nous aurons n_c variables à déterminer. Même pour un grand réseau le nombre des noeuds candidats est relativement petit. C'est pourquoi le deuxième niveau du programme est de taille plus petite que celui du premier.

1.4.3 Méthodes de résolution des deux niveaux

Vu les avantages des nouvelles techniques, comme mentionné précédemment, plusieurs métaheuristiques tels que les algorithmes génétiques, la stratégie évolutionnaire, l'optimisation par essaim de particules, le recuit simulé et la technique de recherche taboue seront utilisées pour résoudre chacun des sous-problèmes des deux niveaux de l'approche de décomposition proposée.

C'est dans la perspective de mettre plus de lumière et démontrer l'efficacité de toutes ces techniques, que nous nous sommes intéressés à ces métaheuristiques, à leurs aspects fondamentaux, et dans leur application à résoudre un problème de planification de puissance réactive, avec en bout de ligne cerner les avantages qu'elles offrent et leurs limites pour l'application proposée.

Les résultats seront bien sûr comparés à ceux obtenus dans des travaux antécédents par des méthodes classiques tels que la méthode du gradient réduit pour le premier niveau du programme et la décomposition de Benders pour le problème global.

1.5 Conclusion

Dans ce chapitre, la dérivation du problème de planification de l'énergie réactive (*ORPP*) à partir du problème global de l'écoulement de puissance optimale (*OPF*) a été montrée. Les objectifs visés ainsi que la formulation mathématique globale du problème de planification de l'énergie réactive pour un système en régime de fonctionnement normal ont été présentés. Ensuite, un aperçu sur les différentes méthodes qui ont été utilisées pour la résolution de ce problème à travers une synthèse bibliographique a été longuement discuté.

Etant donné que la résolution d'un tel problème est difficile, nous avons exploité la séparabilité du problème entier en deux sous-problèmes, ce qui nous a permis l'application naturelle d'une approche de décomposition. La formulation mathématique découlant de cette décomposition donne deux niveaux du programme qui s'altèrent dans l'exécution jusqu'à convergence globale de l'algorithme. L'analyse formelle de chacun des deux niveaux a été exposée alors que la méthode de résolution de chacun d'eux va être décrite dans les chapitres suivants.

Chapitre 2

Métaheuristiques : classification, implantation et validation

2.1 Introduction

Depuis toujours, les chercheurs ont tenté de résoudre les problèmes d'optimisation non linéaires difficiles le plus efficacement possible. Pendant longtemps, la recherche s'est orientée vers la proposition d'algorithmes exacts pour des cas particuliers polynomiaux. Ensuite, l'apparition des heuristiques a permis de trouver des solutions en général de bonne qualité pour résoudre les problèmes. En même temps, les méthodes de type « séparation et évaluation » ont aidé à résoudre des problèmes de manière optimale, mais souvent pour des instances de petite taille.

Lorsque les premières métaheuristiques ont été conçues, beaucoup de chercheurs se sont lancés dans leur utilisation. Cela a conduit à une avancée importante pour la résolution pratique de nombreux problèmes et a même créé un engouement pour le développement de ces méthodes. Ainsi, des équipes entières se sont constituées pour se spécialiser au développement des métaheuristiques. Il faut aussi reconnaître que les métaheuristiques sont un formidable outil pour une résolution efficace de nombreux problèmes posés.

Toutes les métaheuristiques s'appuient sur un équilibre entre une intensification de la recherche et la diversification de celle-ci. D'un côté, l'intensification permet de rechercher des solutions de meilleure qualité en s'appuyant sur les solutions déjà trouvées et de l'autre, la diversification met en place des stratégies qui permettent d'explorer un plus grand espace de solutions et d'échapper à des minima locaux. Ne pas préserver cet équilibre conduit à une convergence trop rapide vers des minima locaux (manque de diversification) ou à une exploration trop longue (manque d'intensification).

Dans la littérature, plusieurs types de classification des métaheuristiques ont été proposés. Dans notre étude, nous nous sommes basés sur une classification qui distingue les méthodes à recherche locale (à parcours) se basant sur une solution unique et celles faisant évoluer une population de solutions (figure 2.1).

Sur la base de cette classification, nous suivrons les mêmes démarches pour présenter chacune des métaheuristiques. Nous indiquerons, quand c'est possible, les références où la méthode a été introduite pour la première fois. Une description textuelle de l'algorithme est proposée avec ses particularités. Ensuite, nous donnerons une présentation algorithmique de chaque métaheuristique, avant de montrer quels sont les facteurs d'intensification et de diversification de chacune d'elles.

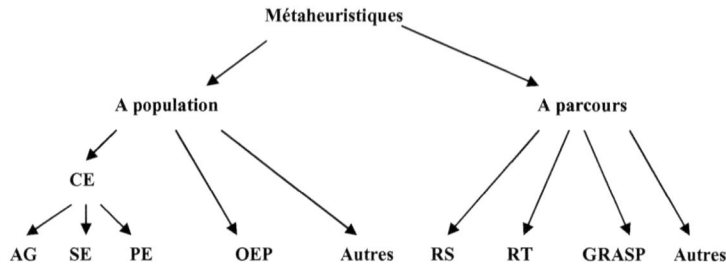

Légende :

CE : Calcul Evolutionnaire
AG : Algorithmes Génétiques
SE : Stratégies d'Evolution
PE : Programmation Evolutionnaire

OEP : Optimisation par Essaim de Particules
RS : Recuit Simulé
RT : Recherche Taboue
GRASP : Greedy Randomized Adaptive Search Procedure

Figure 2.1 Classification des métaheuristiques.

2.2 Méthodes de recherche locale (à parcours) [72]

Les méthodes de recherche locale ou métaheuristiques à base de voisinages s'appuient toutes sur un même principe. A partir d'une solution unique x_0, considérée comme point de départ (et calculée par exemple par une heuristique constructive), la recherche consiste à passer d'une solution à une solution voisine par déplacements successifs. L'ensemble des solutions que l'on peut atteindre à partir d'une solution x est appelé *voisinage $N(x)$* de cette solution. Déterminer une solution voisine de x dépend bien entendu du problème traité.

De manière générale, les opérateurs de recherche locale s'arrêtent quand une solution localement optimale est trouvée, c'est à dire quand il n'existe pas de meilleure solution dans le voisinage. Mais accepter uniquement ce type de solution n'est bien sûr pas satisfaisant. C'est le cas des méthodes de descente présentées précédemment.

Dans un cadre plus général, il serait alors intéressant de pouvoir s'échapper de ces minima locaux (figure 2.2). Il faut alors permettre à l'opérateur de recherche locale de faire des mouvements pour lesquels la nouvelle solution retenue sera de qualité moindre que la précédente. C'est le cas immédiat des méthodes du recuit simulé et de la recherche taboue. Ces deux méthodes ont été choisies, puisqu'elles sont les plus anciennes et sans doute les plus populaires dans leur classe.

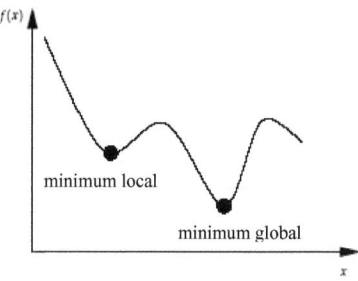

Figure 2.2 Minimum local et global

2.2.1 Recuit simulé

La méthode du recuit simulé a été introduite en 1983 par Kirkpatrick et al. **[73]**. Cette méthode originale est basée sur les travaux bien antérieurs de Metropolis et al. **[74]**. Cette méthode que l'on pourrait considérer comme la première métaheuristique « grand public » a fait l'objet de nombreux travaux et principalement de nombreuses applications.

La popularité du recuit simulé a été incontestable pendant des années. D'abord cette méthode est facile à implémenter et puis, elle a permis de résoudre de nombreux problèmes de programmations non linéaires difficiles **[75, 76]**. A travers notre synthèse bibliographique dans le sujet, des références intéressantes retiennent l'attention comme celle de Koulamas et al. **[77]** et Collins et al. **[78]**. Un récent et excellent tutorial existe également pour guider les chercheurs dans leurs premiers pas avec cette méthode **[79]**.

2.2.1.1 Principe de fonctionnement

Le principe de fonctionnement s'inspire d'un processus d'amélioration de la qualité d'un métal solide par recherche d'un état d'énergie minimum correspondant à une structure stable de ce métal. L'état optimal correspondrait à une structure moléculaire régulière parfaite. En partant d'une température élevée où le métal serait liquide, on refroidit le métal progressivement en tentant de trouver le meilleur équilibre thermodynamique. Chaque niveau de température est maintenu jusqu'à obtention d'un équilibre. Dans ces phases de température constante, on peut passer par des états intermédiaires du métal non satisfaisants, mais conduisant à la longue à des états meilleurs.

L'analogie avec une méthode d'optimisation est trouvée en associant une solution à un état du métal, son équilibre thermodynamique étant la valeur de la fonction objectif de cette solution. Passer d'un état de la structure du métal à un autre correspond à passer d'une solution à une solution voisine.

L'état liquide est obtenu en réchauffant le matériau. Dans ce cas, une configuration moléculaire C se voit affectée d'une probabilité d'apparition p qui dépend de sa propre énergie interne $E(C)$ et de la température T du métal. Cette probabilité dite de Boltzmann vaut :

$$P = \frac{exp\left[\frac{-E(C_i)}{kT}\right]}{\sum_{j \in u} exp\left[\frac{-E(C_j)}{kT}\right]} \quad (2.1)$$

avec $k = 1,3805.10^{-23}$ J/°K, la constante de Boltzmann,

T : température en degré Kelvin,

U : espace des configurations.

Le recuit consiste donc à élever la température pour que toutes les configurations deviennent équiprobables ($P \rightarrow 1$ quand $T \rightarrow \infty$).

En refroidissant lentement la température, on favorise progressivement l'installation de configurations d'énergie $E(C_i)$ plus faibles qui garantissent un état plus stable. Les conditions de convergence dépendent surtout de la façon de « recuire » c'est-à-dire de la température initiale de réchauffement et de la loi de décroissance de celle-ci. Ce mécanisme peut donc être parfaitement simulé numériquement au profit du problème étudié. On contrôle alors un paramètre T analogue à la température de façon à atteindre un état final à coût faible, en permettant l'apparition de différents états avec la même distribution de probabilité que dans le recuit thermique. Cette distribution de probabilité est contrôlée par le critère de Metropolis dont le principe est le suivant :

Supposons que l'on effectue une transformation aléatoire élémentaire passant d'un état U à un état V voisin dans l'espace des configurations. On calcule la variation de la fonction coût f par la transformation :

$$\Delta f = f(U) - f(V) \qquad (2.2)$$

✓ La nouvelle configuration est acceptée :

- soit parce que

$$P(UV) = exp\left[\frac{-\Delta f}{T}\right] > p \quad si \quad \Delta f > 0 \qquad (2.3)$$

p nombre tiré aléatoirement de façon uniforme sur l'intervalle [0, 1].

- soit parce que $\Delta f \leq 0$

✓ Sinon, la configuration est refusée et on effectue une nouvelle transformation aléatoire élémentaire.

On constate que la probabilité d'acceptation d'un nouvel état tient compte de l'amplitude de la variation du coût Δf et du degré d'avancement de la simulation, c'est-à-dire de la valeur de T. Une forte amplitude de Δf et/ou une température faible rendra toute transformation difficile.

2.2.1.2 Schéma de refroidissement [80]

Le schéma de refroidissement est la stratégie de contrôle utilisée depuis le début jusqu'à la convergence de l'algorithme du recuit simulé. Le schéma de refroidissement de la température est une des parties les plus difficiles à régler dans ce cas. Ces schémas sont cruciaux pour l'obtention d'une implémentation efficace. Sans être exhaustif, on rencontre habituellement trois grandes classes de schémas : la réduction par paliers, la réduction continue, Lundy et Mees [81] (où la température est réduite à chaque itération) et la réduction non monotone, Connolly [82] (où des augmentations de température sont possibles).

Il est caractérisé par les quatre paramètres suivants :
- la température initiale T_0,
- la température finale T_f,
- le nombre de transitions N_k à la température T_k,
- le taux de décroissance de la température $T_{k+1} = g(T_k) \times T_k$.

L'efficacité de l'algorithme, concernant la qualité de la solution finale ainsi que le nombre d'itérations, dépend du choix de ces paramètres. Les procédures utilisées dans le calcul de ces paramètres sont basées sur l'idée de l'équilibre thermique et sont détaillées dans ce qui suit.

2.2.1.3 Détermination de température initiale T_0

Sachant que les températures élevées favorisent le désordre, la valeur de la température initiale doit être choisie élevée. Elle est déterminée, sinon fixée arbitrairement, lors d'une phase de prétraitement avec une exploration initiale partielle de l'espace des configurations. Dans [83], une température T élevée est choisie et un certain nombre de configurations voisines sont testées. Le taux d'acceptation de solution plus coûteuses, c'est-à-dire le nombre de solutions moins bonnes générées, d'être d'au moins 80%. Si tel est le cas, la valeur de la température est prise comme valeur initiale T_0. Sinon, la valeur de T est doublée et le calcul est réitéré. D'autres méthodes pour la détermination de la température initiale sont présentées [80].

2.2.1.4 Détermination du nombre de mouvements N_k

Le nombre de mouvements exécutés à chaque niveau devrait être telle manière à ce que la condition d'équilibre soit garantie. Cependant, les valeurs des paramètres de contrôle sont étroitement liées au taux de transition de la température.

La plupart des algorithmes utilisent une valeur de N_k qui dépend de la dimension du problème (nombre de paramètres de décision). Dans notre cas, N_k est considéré constant :

$$N_{k+1} = N_0 \tag{2.4}$$

N_0 est le nombre de mouvements à la température initiale.

2.2.1.5 Détermination du taux décroissance

Plusieurs méthodes peuvent exécuter la réduction de la température dans le recuit simulé, mais elles sont toutes basées sur le fait que l'équilibre thermique doit être atteint avant que la température ne soit réduite.

L'alternative que nous avons utilisée suppose le taux de décroissance RT constant. T_{k+1} est alors déduite à partir de la température actuelle T_k par l'expression suivante :

$$T_{k+1} = RT * T_k \tag{2.5}$$

2.2.1.6 Critères d'arrêt

Les critères d'arrêt varient beaucoup selon le degré de complexité et la performance souhaitée. Ils peuvent être prédéfinis ou adaptatifs. Notre choix s'est porté sur une stratégie qui utilise le taux d'amélioration de la fonction coût pour définir le critère d'arrêt, d'où si le coût de la meilleure solution ne s'améliore pas après une série de réductions de la température, il est supposé que la convergence est accomplie et le processus est arrêté.

L'algorithme dans la figure 2.3 caractérise l'implantation classique du recuit simulé **[80]**.

Début
Initialiser (T_0, N_0);
$k := 0$;
Initialiser la configuration C_i ;
Répéter la procédure;
Faire I: =1 à N_k ;
Générer $(C_j$ à partir de $C_i)$;
Si $f(C_j) \leq f(C_i)$ **alors** $C_i := C_j$;
Autrement
Si $\exp\left(\dfrac{f(C_i) - f(C_j)}{T_K}\right) > random\,[0, 1]$ **alors** $C_i := C_j$;
Fin Faire;
$k := k+1$;
Calcul de la longueur (N_k);
Déterminer le paramètre de contrôle (T_k);
Critère d'arrêt
Fin;

Figure 2.3. Structure générale de l'algorithme du recuit simulé.

L'algorithme du recuit simulé classique a été traduit en un programme écrit entièrement en Fortran 90 standard. Les différents paramètres Entrées/Sorties caractérisant ce module peuvent être résumés ci-dessous :

- **T_0**   température initiale.
- **RT**   taux de décroissance de la température.
- **NS**   nombre de cycles. Après $NS * N$ évaluations de la fonction, le vecteur VM est ajusté.

VM	vecteur définissant les longueurs des pas. Il définit les frontières de la région du choix aléatoire des différents paramètres. Ce vecteur est ajusté quand le nombre de déplacements acceptés est plus que la moitié.
EPS	l'erreur d'arrêt. La différence maximale entre les valeurs de la fonction objectif pour des températures consécutives doit être inférieure à EPS.
NEPS	si le coût de la meilleure solution ne s'améliore pas après $NEPS$ réductions de la température, le processus s'arrête.
NT	nombre d'itérations avant la réduction de la température. Après $NT*NS*N$ évaluations de la fonction, la température est réduite par le facteur RT.
Nup	nombre d'évaluations acceptées par le critère de Metropolis à une température T.
Ndown	nombre d'évaluations donnant des meilleures valeurs de la fonction objectif à une température T.
Nrej	nombre d'évaluations rejetées à une température T.
Totmov	nombre total de mouvements à une température T.

$$Totmov = Nup + Nrej + Ndown = NT*NS*N \qquad (2.6)$$

2.2.2 Recherche taboue

Dans un article présenté par Glover **[84]** en 1986, on voit apparaître pour la première fois, simultanément le terme *tabu search* et *métaheuristique*. A la même époque Hansen **[85]** présente une méthode similaire, mais dont le nom n'a pas marqué autant que *tabou*. En fait, les prémices de la méthode ont été présentés initialement à la fin des années 1970 par Glover **[86]**. Pourtant ce sont les deux articles de référence de Glover **[87, 88, 89]** qui vont contribuer de manière importante à la popularité de cette méthode. Pour certains chercheurs, elle apparaît même plus satisfaisante sur le plan scientifique que le recuit simulé, car la partie aléatoire de la méthode a disparu.

La méthode de recherche taboue (Tabu Search) s'est développée essentiellement en tant que méthode d'intelligence artificielle, qui contrairement, aux approches heuristiques combinatoires comme les algorithmes génétiques, recuit simulé, essaim de particules…etc, ne voit pas son origine liée à un processus d'optimisation biologique ou physique. La méthode de recherche taboue a été appliquée à de nombreux problèmes technologiques avec succès. Comme nous l'avons dit précédemment, la méthode RT est une heuristique qui permet de contrer le problème des optimums locaux. L'idée consiste à garder la trace du cheminement passé dans une mémoire et de s'y référer pour améliorer la recherche. La méthode consiste à se déplacer d'une solution vers une autre par observation du voisinage de la solution de départ et à définir des transformations taboues que l'on garde en mémoire. Une transformation taboue est une transformation que l'on s'interdit d'appliquer à la solution courante.

2.2.2.1 Principes Généraux [80, 87]

Contrairement au recuit simulé qui ne génère qu'une seule solution x_0 aléatoirement dans le voisinage $N(x)$ de la solution courante x, la méthode tabou, dans sa forme la plus simple, examine le voisinage $N(x)$ de la solution courante x (figure 2.4). La nouvelle solution x_0 est la meilleure solution de ce voisinage (dont l'évaluation est parfois moins bonne que x elle-même). Pour éviter de cycler, une liste *taboue* (qui a donné le nom à la méthode) est tenue à jour et interdit de revenir à des solutions déjà explorées. Dans une version plus avancée de la méthode taboue, on peut voir dans cette recherche une modification temporaire de la structure de voisinage de la solution x permettant de quitter des optima locaux. Le voisinage $N^*(x)$ intégrant ces modifications de structure est régit par l'utilisation de structures de mémoire spécifiques. Il s'agit de mémoire à court terme ou de mémoire à long terme.

La mémoire à *court terme* correspond à la mise en place d'une liste taboue. La liste contient les quelques dernières solutions qui ont été récemment visitées. Le nouveau voisinage $N^*(x)$ exclut donc toutes les solutions de la liste tabou. Lorsque la structure de donnée correspondant aux solutions est trop complexe où occupe une grande place mémoire, il est courant de ne garder dans la liste taboue que des informations soit sur les caractéristiques des solutions, soit sur les mouvements. Ce type de mémoire à court terme est aussi appelé *recency-based memory*. En conservant des caractéristiques des solutions ou des mouvements, il est possible alors qu'une solution de bien meilleure qualité ait un statut tabou.

Accepter tout de même cette solution revient à outrepasser son statut tabou, c'est l'application du *critère d'aspiration*. Si le voisinage d'une solution est très grand, évaluer toutes les solutions de ce voisinage peut-être impossible. Il convient alors de mettre en place des stratégies permettant sa réduction. Les solutions les plus courantes proposent des listes de solutions candidates qui pourraient conduire à des solutions de bonne qualité (*candidate list strategy*).

La mémoire à *long terme* permet d'une part d'éviter de rester dans une seule région de l'espace de recherche et d'autre part d'étendre la recherche vers des zones plus intéressantes. Par exemple, la mémoire à base de fréquence (*frequency-based memory*) attribue des pénalités à des caractéristiques des solutions plusieurs fois visitées au cours de la recherche. Cette technique simple permet de *diversifier* la recherche facilement. Par ailleurs, les mouvements ayant conduit à des bonnes solutions peuvent être aussi encouragés. On peut par exemple garder en mémoire une liste de solutions *élites* que l'on utilisera comme nouveau point de départ quand la recherche deviendra improductive pendant plusieurs itérations consécutives (*intensification*).

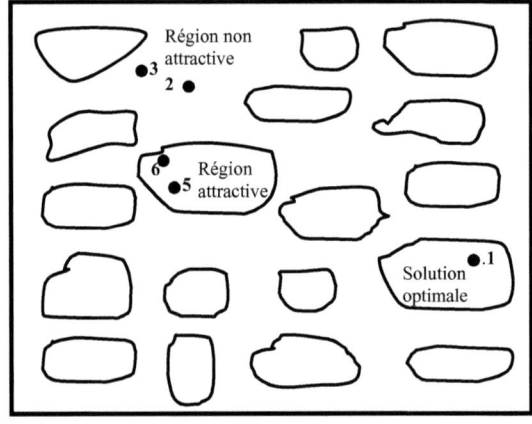

Figure 2.4 Illustration de l'espace de recherche dans la méthode recherche taboue.

2.2.2.2 Voisinage d'une solution (Neighborhood) [80]

Le voisinage de x est défini comme suit: $x' \in N(x)$ où x' représente le voisin de x (figure 2.5). Le voisinage peut être trouvé par le biais de quelques transitions appliquées à x. Le point x' doit répondre à un certain nombre de conditions pour être un voisin de x, celles ci étant définies par la notion de structure de voisinage de x. L'algorithme de recherche locale trouve ainsi la transition qui nous conduit du point x vers la solution x'. En répétant la procédure cela nous permet d'avoir une solution optimale locale.

La différence entre la méthode de recherche taboue et d'autres algorithmes simples de recherche locale se résume en deux points :

- Transitions conduisant à la configuration (solution) dans chaque exécution du programme.
- Le voisinage $N(x)$ de x n'est pas statique, donc il peut changer non seulement en terme de dimension mais aussi dans la structure.

Un voisinage modifié $N^*(x)$ est illustré à travers la figure 2.5, les éléments de $N^*(x)$ étant déterminés par différents moyens dont nous citons:

- Utilisation d'une liste taboue (tabu list) contenant les configurations taboues afin d'éviter des mouvements cycliques. Dans ce cas, $N^*(x) \subset N(x)$.
- Utilisation d'une stratégie de réduction de la dimension du voisinage afin d'accélérer la recherche locale.
- Redéfinition de $N(x)$ durant le processus d'optimisation.

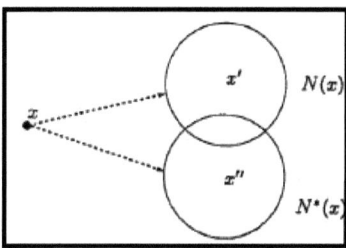

Figure 2.5 Espace de solution

L'algorithme représenté dans la figure 2.6 caractérise l'implantation de base de la technique de recherche taboue **[90]**.

Initialisation

Identification d'une Solution initiale

Création d'une Liste Tabou vide

Poser Meilleur Solution = Solution

Définir les Conditions d'Arrêts

Faire = Faux

Répéter

Si *valeur de la Solution<valeur de la Meilleure Solution*

Alors

Meilleure Solution = Solution

Si *la Condition d'Arrêt n'est pas satisfaite*

Alors

> *Ajouter la solution à la Liste Taboue*
> **Si** *la Liste Taboue est pleine*
> **Alors**
> *Supprimer les anciennes solutions de la Liste Taboue*
> **Fin**
> **Sinon**
> *Condition d'Arrêt est satisfaite*
> **Faire = Vrai**
> **Fin**
> **Sinon**
> *Trouver une Nouvelle Solution par des transformations de la solution*
> **Si** *aucune Nouvelle Meilleure Solution trouvée pour une longue période*
> **Alors**
> *Générer aléatoirement une Nouvelle Solution*
> **Si** *la liste taboue ne contient pas la Nouvelle Solution*
> **Alors**
> *Solution = Nouvelle Solution*
> **Fin**
> **Fin**
> **Jusqu'à Faire=Vrai**

Figure 2.6. Structure générale de l'algorithme de recherche taboue.

Pour traduire l'algorithme de base de la recherche taboue, nous avons élaboré un programme écrit en langage Fortran dont les paramètres de base qui interviennent dans l'algorithme sont :

- ***Ndiv***   nombre de diversifications,
- ***L***   longueur de la liste tabou,
- ***Imax***   nombre maximal d'itérations,
- ***M***   nombre de points de recherche autour du voisinage.

2.3 Métaheuristiques à base de population

Les méthodes de recherche à population, comme leur nom l'indique, travaillent sur une population de solutions et non pas sur une solution unique. On peut trouver d'autres noms génériques pour ces méthodes, le plus en vogue étant sans doute les algorithmes évolutionnaires «*evolutionary algorithms*» (voir Michalewicz [**91**]). Le principe général de toutes ces méthodes consiste à combiner des solutions entre elles pour en former de nouvelles en essayant d'hériter des bonnes caractéristiques des solutions parents. Un tel processus est répété jusqu'à ce qu'un critère d'arrêt soit satisfait (nombre de générations maximum, nombre de générations sans améliorations, temps maximum, borne atteinte,…etc). Parmi ces algorithmes à population, on retrouve deux grandes classes qui sont les algorithmes évolutionnaires et la méthode des essaims de particules.

2.3.1 Algorithmes évolutionnaires

Les algorithmes évolutionnaires sont basés sur le principe du processus de l'évolution naturelle et plus particulièrement de l'évolution des espèces vivantes. Un algorithme évolutionnaire est composé de trois éléments principaux :
- une population qui est constitué de plusieurs individus représentant des solutions ou configurations possibles du problème donné ;
- un mécanisme d'évaluation qui traduit l'adaptation de chaque individu de la population dans son environnement ;
- un mécanisme d'évolution, composé de plusieurs opérateurs, qui permet d'éliminer certains individus et d'en créer de nouveaux à partir des individus sélectionnés.

Un algorithme évolutionnaire typique débute avec une population initiale, le plus souvent générée aléatoirement, et répète ensuite un cycle d'évolution composé des trois étapes séquentielles suivantes :
- la mesure de la qualité de chaque individu de la population ;
- la sélection d'une partie des individus en fonction de leur qualité respective ;
- la création de nouveaux individus par combinaisons d'individus sélectionnés.

Le processus se termine lorsque la condition d'arrêt est vérifiée ; par exemple quand un certain nombre de cycles (générations) est atteint. Selon le principe de l'évolution naturelle, les individus les mieux adaptés ont plus de chance de survie et la qualité de la population tend à s'améliorer au cours des générations successives.

L'individu et la fonction d'adaptation d'un algorithme évolutionnaire correspondent respectivement à la notion de configuration et de fonction coût dans les méthodes de voisinage. Le mécanisme d'évolution est une notion proche de celle de parcours du voisinage. Une itération d'une méthode de voisinage peut être interprété comme un mécanisme d'évolution portant sur un seul individu. Une différence notable se situe toutefois dans la manière de passer à de nouvelles solutions. Un algorithme évolutionnaire comporte en effet un ensemble d'opérateurs dont les principaux sont décrits ci-dessous :

1. La sélection a pour objectif de choisir les individus qui vont pouvoir se reproduire pour transmettre leurs caractéristiques à la génération suivante. La sélection est réalisée de telle manière que les bons individus ont plus de chance d'être reproduits que ceux de bonne qualité.
2. Le croisement combine les caractéristiques des parents pour créer des individus enfants avec de nouvelles potentialités.
3. La mutation apporte de légères modifications à certains individus.

De manière générale, trois grandes familles d'algorithmes évolutionnaires peuvent être distinguées : les algorithmes génétiques, les stratégies évolutionnaires et la programmation évolutionnaire. Ces méthodes se différencient principalement dans la manière de représenter les données (codage) ainsi que par la façon de faire évoluer la population d'une génération à l'autre. Dans ce qui suit, on va détailler les deux premières méthodes puisqu'elles seront utilisées dans la résolution de notre problème physique.

2.3.2 Algorithmes génétiques

Les algorithmes génétiques sont une méthode d'optimisation basée sur les mécanismes de la sélection naturelle [92]. La solution optimale est cherchée à partir d'une population de solutions en utilisant des processus aléatoires. La recherche de la meilleure solution est effectuée en créant une nouvelle génération de solutions par application successive, à la population courante, de trois opérateurs : la sélection, le croisement et la mutation. Ces opérations sont répétées jusqu'à ce qu'un critère d'arrêt soit atteint.

Le codage des individus est un paramètre important de la méthode. Ceux-ci sont représentés sous forme de chaînes contenant des caractères ou gènes d'un alphabet prédéterminé. Il existe différentes façons de coder une solution. Le codage doit être adapté au problème afin de limiter la taille de l'espace de recherche en produisant des solutions valides le plus souvent possibles lors de l'application des opérateurs de recherche. La représentation doit être telle que les opérateurs de recherche soient efficaces pour produire les solutions recherchées avec une bonne probabilité. Le codage le plus utilisé en pratique est le codage binaire dans lequel chaque solution est représentée par une chaîne de 0 et 1. Le codage réel est une alternative au codage binaire. Dans ce cas, la taille de l'alphabet est identique au nombre de valeurs possibles pour chaque variable [93].

La sélection ou **reproduction** consiste à sélectionner un individu au sein de la population puis à le recopier dans la nouvelle population. La sélection se fait au moyen d'une fonction fitness ou fonction d'adaptation qui est calculée pour chaque individu de la population. La probabilité de reproduire un individu dépend directement de la valeur de sa fonction objectif. Ainsi, un individu présentant une bonne valeur de la fonction objectif aura plus de chance d'être sélectionné, sans que les individus paraissant moins intéressants ne soient complètement laissés pour compte. Il existe différentes façons d'effectuer la sélection des individus à reproduire. Les principales méthodes sont :

- Le tirage de roulette qui consiste à donner à chaque individu une probabilité d'être sélectionné d'une manière proportionnelle à sa performance ;
- La sélection par le rang qui fait une sélection en utilisant une roulette dont les secteurs sont proportionnels aux rangs des individus ;
- la sélection par tournoi qui consiste à tirer n_i individus au hasard et à reproduire le meilleure.

La sélection par roulette est illustrée à la figure 2.7. Elle représente une population de 5 individus utilisés pour maximiser une fonction objectif. Chaque individu possède une part proportionnelle à sa fonction objectif sur la roulette biaisée.

L'opérateur croisement est appliqué sur des paires d'individus tirés aléatoirement. Il consiste en un échange partiel de leurs caractéristiques. Par ce biais, les gènes sont transférés d'un individu à l'autre est chacun des deux nouveaux individus hérite partiellement des caractéristiques de ses parents. Les positions à croiser sont tirées aléatoirement. Plusieurs opérateurs de croisement ont été développés (figure 2.8). Ils se différencient par la manière de tirer les positions d'échanges. On distingue :

a) le croisement simple qui consiste à tirer une position au hasard et à échanger les caractéristiques des deux individus à partir de ce point,

b) le double croisement pour lequel l'échange a lieu entre deux positions tirées aléatoirement,

c) le croisement uniforme qui introduit un masque croisement généré de manière aléatoire.

La mutation met en jeu un seul individu. Ce processus provoque le changement de valeur de certains caractères au sein de la chaîne. Ceci peut provoquer tant une amélioration qu'une diminution de la qualité de l'individu. La mutation est illustrée à la figure 2.9.

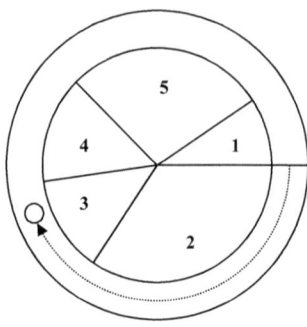

Figure 2.7 Sélection par la méthode de la roue biaisée.

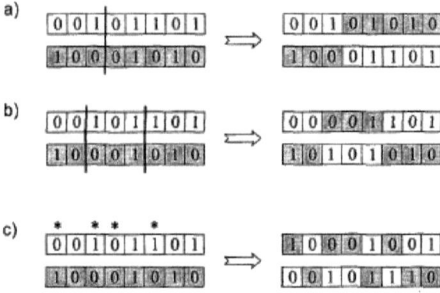

Figure 2.8 Croisement : a) simple, b) double, c) uniforme.

Figure 2.9 Mutation sur un individu.

Un algorithme de base de la méthode des algorithmes génétiques est donné dans la figure 2.10 **[94]**.

> **Début**
>
> Initialiser les paramètres de la simulation
> Générer une population de configurations aléatoires
> Calculer la fonction fitness de chaque individu
> Iter=0
> S^* =meilleur individu de la population initiale
> **Tant que** (Iter<maxiter) **faire**
>   Iter =Iter+1
>   Appliquer l'opérateur de sélection
>   Appliquer l'opérateur de croisement
>   Appliquer l'opérateur de mutation
>   **Si** $f(S')<f(S^*)$ **alors**
> $S^*=S'$
>   **Fin si**
> **Fin tant que**
>   Retourner S^*
> **Fin**

Figure 2.10 Algorithmes génétiques.

2.3.2.1 Paramètres

Taille de la population

La taille de la population est un paramètre important dans l'application des algorithmes génétiques. Elle doit être suffisamment grande pour qu'un grand nombre de schémas soient représentés. Typiquement, la taille de la population est comprise entre 30 et 200 individus. Toutefois, lorsque le gène utilisé possède un grand nombre de bits, la taille de la population peut être augmentée en conséquence.

Probabilité des opérateurs

Le croisement n'est pas forcément appliqué pour chaque paire d'individus. Il a lieu avec une certaine probabilité **Pc** qui est en général proche de 1.

L'opérateur de mutation est appliqué avec une très faible probabilité, typiquement de l'ordre de *1%*. Toutefois, comme la diversité des individus diminue au fil des générations, il est possible de faire augmenter la probabilité de mutation au cours de mutation au cours de l'algorithme [95].

2.3.2.2 Algorithme micro-génétique [96,97]

En outre de l'algorithme génétique simple, l'approche de l'algorithme micro-génétique a été mise en application. Les caractéristiques principales de l'algorithme micro-génétique sont brièvement présentées. La plupart des algorithmes génétiques exécutent mal avec une petite population en raison du traitement insuffisant de l'information et de la convergence prématurée vers des résultats non optimaux. Un choix commun pour la taille de population s'étend entre 30 et 300.

En revanche, l'algorithme micro-génétique ($A\mu G$) explore la possibilité d'utiliser des petites populations avec le grand avantage de réduire le temps de calcul comparativement à celui de l'algorithme génétique simple. Une population de 5 individus a été employée dans les tests de l'algorithme micro-génétique.

Du point de vue de la génétique, on le sait bien que le croisement fréquent chez une petite population peut favoriser la diffusion des maladies héréditaires rarement trouvées dans les plus grandes populations. D'autre part les petites populations agissent parfois comme laboratoires naturels où les caractéristiques génétiques souhaitables peuvent rapidement se manifester. Le choix d'une certaine stratégie appropriée pour empêcher la perte de la diversité de population est décisif au succès de l'algorithme micro-génétique. Le procédé proposé consiste au rafraîchissement périodique de la population hasardeuse au dessus d'un certain seuil. L'algorithme micro-génétique implanté dans ce travail suit les étapes présentées par la figure 2.11.

1. *Sélectionnez une population de n individus générés aléatoirement. Alternativement, une population de n-1 individus doit être générée aléatoirement tout en conservant le meilleur individu obtenu à partir de la recherche précédente. Une population de 5 individus a été employée durant tous les tests.*

2. *Evaluez la fonction d'adaptation et déterminez le meilleur individu qui est toujours transféré à la prochaine génération (stratégie d'élitisme).*

3. *Sélectionnez les individus pour la reproduction avec la stratégie sélection par tournoi.*

4. *Faire le croisement avec une probabilité égale à 1 pour favoriser l'échange d'informations génétiques à travers la population.*

5. *Testez la convergence en mesurant la diversité dans la population (en comptant tout le nombre de bits différents de ceux dans le meilleur individu). Si la diversité de population est sous un seuil choisi, aller à l'étape 1 ; autrement, aller à l'étape 2.*

Figure 2.11 Algorithme micro-génétique.

Dans l'algorithme micro-génétique la mutation n'est pas nécessaire puisque après chaque convergence assez de diversités génétiques sont présentes quand toute la population (excepté le meilleur individu) est aléatoirement régénérée à nouveau.

L'algorithme génétique simple ainsi que l'algorithme micro génétique ont été traduits par un même programme écrit entièrement en Fortran 90 standard. Les différents paramètres de contrôle de ce module peuvent être résumés ci-dessous :

- ***Ngén***   nombre maximal de générations,
- ***Pc***   probabilité de croisement ($Pc=1$ dans le cas de l'$A\mu G$),
- ***Pm***   probabilité de mutation (pas de mutation dans le cas de l'$A\mu G$),
- ***Tpop***   taille de population (30 à 300 pour l'AG simple et 5 pour l'$A\mu G$),
- ***Tcroi***   type de croisement (en un point ou uniforme),
- ***Tdiv***   taux de diversité (pas de diversification dans le cas de l'AG simple).

Il faut noter que le seul type de sélection implanté dans notre cas est la sélection par tournoi.

2.3.3 Stratégies d'évolution [98]

Les stratégies d'évolution constituent une autre classe d'algorithmes évolutionnaires. A l'inverse des autres approches, les stratégies d'évolution ont été conçues, à l'origine, comme des méthodes d'optimisation numériques. Leurs premières applications étaient l'optimisation d'un corps dans un tunnel de vent.

Abordant les problèmes d'optimisation continue, les stratégies d'évolution sont très similaires à la programmation évolutionnaire. Ils partagent la même philosophie : le problème d'optimisation est considéré dans sa globalité et aucun partitionnement n'est effectué, ils n'obéissent pas à la théorie des schèmes. Les deux méthodes mettent l'accent sur la mutation comme principal opérateur de recherche et utilisent une mutation auto-adaptative.

La seule différence notable avec la programmation évolutionnaire est l'utilisation du croisement par les stratégies d'évolution. Le croisement est utilisé comme second opérateur de recherche, son rôle n'étant pas la manipulation des blocs élémentaires mais d'assurer plus de diversité dans la population.

2.3.3.1 Algorithme de base

Considérons :

- I comme une population arbitraire d'individus a.
- $F : I \rightarrow R$ la fonction d'adaptation de ces individus.
- μ et λ : les tailles des populations parents et descendants.
- $P(t) = \{a1(t),...,a\mu(t)\} \in I^\mu$ représente une génération, à l'instant t.

Les opérateurs : la sélection $s : I^\lambda \rightarrow I^\mu$, la mutation $m : I^k \rightarrow I^\mu$ ainsi que le croisement $r : I^\mu \rightarrow I^k$, dépendent d'un ensemble de paramètres : Θ_s, Θ_m et Θ_r, respectivement, qui caractérisent l'opérateur concerné.

Les différentes stratégies d'évolution peuvent être introduites par la notation de Schwefel **[99]**:

i) La **SE ($\mu + \lambda$)** : désigne une stratégie d'évolution qui génère λ descendants des μ parents et sélectionne les μ meilleurs individus de l'ensemble des descendants et des parents pour former la nouvelle génération.

ii) La **SE (μ, λ)** avec $\lambda = k\mu$ et $k > 1$ ($k \sim 5 \div 7$) génère λ descendants des μ parents mais sélectionne les μ meilleurs individus de la population des descendants seulement.

iii) La **SE ($\mu + 1$)** est semblable aux algorithmes génétiques à état permanent dans le sens où un seul individu est créé dans chaque génération.

Un algorithme d'une stratégie d'évolution standard peut être représenté par la figure 2.12 **[98, 99]**.

Début
    Initialiser les paramètres de la simulation: μ, λ, Θ_s, Θ_m, Θ_r
    $t = 0$;
    $P(t) = $ *initialisation* (μ) ;
    Tant que $(\mathbb{P}(t), \Theta l \neq true)$ **Faire**
        $P'(t)$ = *croisement* $(P(t), \Theta_r)$;
        $P''(t)$ = *mutation* $(P'(t), \Theta_m)$;
        $F(t)$ = *évaluation* $(P(t), P''(t), \mu, \lambda)$;
        $P(t+1) = $ *sélection* $(P(t), P''(t), F(t), \mu, \Theta_s)$;
        t = $t + 1$;
    Fin tant que
Sortie : a^* le meilleur individu trouvé, ou P^* la meilleure population trouvée.

Figure 2.12 Algorithme de base d'une stratégie d'évolution.

Les paramètres μ, λ, Θ_p, Θ_m dépendent des opérateurs utilisés et du problème en cours, l est le critère d'arrêt.

Une stratégie évolutionnaire procède comme suit :

- l'initialisation aléatoire d'une population dans l'espace de recherche et dans l'espace des paramètres de stratégie.
- la population des parents $P(t)$ est sujet à la reproduction pour créer la population des descendants $P''(t)$.
- la nouvelle génération $P(t+1)$ est sélectionnée soit de la population des descendants seule, ou des populations des descendants et des parents.

2.3.3.2 La recombinaison intermédiaire [100]

La recombinaison intermédiaire est utilisée essentiellement dans les stratégies d'évolution.

Contrairement aux opérateurs de croisement à k points, qui échangent les informations entre les parents, la recombinaison intermédiaire crée les descendants en pondérant les composants de plusieurs parents. La version canonique de cet opérateur combine deux individus X_1 et X_2 pour créer un descendant X' comme suit :

$$X_i' = \alpha x_{1i} + (1-\alpha)x_{2i} \qquad (2.7)$$

où α est un nombre entre [0,1].

Cet opérateur peut être étendu à plus de deux parents où un descendant est créé par:

$$X_i' = \sum_{\substack{j=1:k \\ i=1:n}} \alpha_j x_{ji} \qquad (2.8)$$

2.3.3.3 La mutation auto-adaptative [101, 102]

L'auto-adaptation de la mutation permet de régler la variance au cours du processus de recherche. Dans la première phase de recherche, une variance élevée est exigée pour pouvoir parcourir tout l'espace de recherche. Cette variance doit décroître au fur et à mesure que l'algorithme converge pour permettre une meilleure recherche locale et converger plus rapidement vers l'optimum.

La méthode d'auto adaptation la plus utilisée dans le cadre des stratégies d'évolution était développée par Schwefel. Dans cette méthode, un individu est représenté par un vecteur de variables objectifs X et un vecteur de paramètres de stratégie σ où σ_i est la déviation standard à utiliser pour chaque dimension i. Les paramètres de stratégie sont actualisés de la manière suivante :

$$\sigma'_i = \sigma_i \exp(\tau_0 . N(0,1) + \tau . N_i(0,1))$$
$$X'_i = X_i + N(0, \sigma'_i)$$
(2.9)

où $\tau_0 = 1/[2(n^{1/2})]^{1/2}$ et $\tau = 1/(2n)^{1/2}$ sont des constantes,

$N(0,1)$ est une variable aléatoire normale centrée réduite.

Les tests ont montré que cette méthode introduite par Schwefel est plus efficace lorsqu'elle est appliquée sur une série de fonctions standard.

2.3.3.4 La sélection déterministe [98]

Les stratégies d'évolution utilisent souvent la sélection déterministe. Cette méthode de sélection choisit les meilleurs individus de la population pour former la nouvelle génération. A l'inverse de la sélection stochastique, aucune probabilité de sélection n'est utilisée du moment où les μ meilleurs individus sont automatiquement choisis, avec μ comme taille de la population des parents.

Dans le cadre de la stratégie d'évolution $SE\ (\mu+\lambda)$, cet opérateur sélectionne les μ meilleurs individus à partir de l'ensemble des individus des populations des parents et des descendants. Si, une sélection déterministe est utilisée elle préservera les meilleures solutions trouvées par l'algorithme au cours de la recherche, ce qui peut conduire à une convergence prématurée à un optimum local.

Dans notre cas, un programme en Fortran traduisant la stratégie évolutionnaire **($\mu + \lambda$)** a été élaboré. La liste suivante représente les paramètres de contrôle les plus significatifs à définir dans cet algorithme :

- ***Ngén*** nombre maximal de générations,
- ***μ, λ*** tailles des populations parents et descendants dans une génération,
- ***mut*** opérateur mutation (mutation auto-adaptative avec une probabilité Θ_m),
- ***rec*** opérateur combinaison (recombinaison intermédiaire avec une probabilité Θ_r).

2.3.4 Optimisation par essaim de particules

2.3.4.1 Qu'est-ce que l'optimisation par essaim de particules?

L'optimisation par essaim de particules (*OEP*) est une technique d'optimisation parallèle développée par Kennedy et Eberhart, en s'inspirant du comportement social des individus qui ont tendance à imiter les comportements d'ensemble qu'ils observent dans leur entourage (des oiseaux s'assemblant en nuées, des bancs de poissons sous l'eau ou des essaims d'abeilles dans leur déplacement), tout en y apportant leurs variations personnelles. L'*OEP* présente beaucoup de similitudes avec les techniques de calcul évolutionnaire comme les algorithmes génétiques (*AG*). A la différence d'autres techniques heuristiques, l'*OEP* a un mécanisme flexible et bien équilibré pour augmenter et s'adapter aux capacités d'exploration globale et locale. Cependant, à la différence des algorithmes génétiques, qui miment les mécanismes génétiques de l'évolution, l'*OEP* ne comporte aucun opérateur d'évolution tel que le croisement ou la mutation, cet algorithme s'inspirant plutôt de la formation d'une culture **[103]**.

L'initialisation de l'algorithme *OEP* se fait par une population de solutions potentielles aléatoires, interprétées comme des particules se déplaçant dans l'espace de recherche. Chaque particule est attirée vers sa meilleure position atteinte par le passé *pbest* ainsi que vers la meilleure position atteinte par les particules de tout l'essaim *gbest*.

L'algorithme *OEP* comprend plusieurs paramètres de réglage qui permettent d'agir sur le compromis exploration–exploitation. L'exploration est la capacité de tester différentes régions de l'espace à la recherche de bonnes solutions candidates. L'exploitation est la capacité de concentrer la recherche autour des solutions prometteuses afin de s'approcher le plus possible de l'optimum.

2.3.4.2 Concept de base

A travers la coopération et la compétition parmi les solutions potentielles, l'heuristique *OEP* est motivée par la simulation du comportement social. Dans cette technique, pour la génération initiale ($k = 0$), une population initiale (de taille $Tpop$) constituée d'un ensemble de solutions S_i^p est aléatoirement choisie dans le domaine de la fonction f à minimiser, et chacune des particules aura une position S_i^k et une vitesse V_i^k.

A chaque génération k, la fonction d'adaptation f de chaque position S_i^k est calculée. Si *pbest* désigne la meilleure position de la particule i dans sa vie passée, il faut choisir la meilleure position globale *gbest* de l'ensemble du groupe "leader du groupe", de telle sorte que les règles de mise à jour soient [104]:

$$V_i^{k+1} = wV_i^k + c_1 rand_1 \times \left(pbest_i - S_i^k \right) + c_2 rand_2 \times \left(gbest - S_i^k \right) \quad (2.10)$$

$$S_i^{k+1} = S_i^k + V_i^{k+1} \quad (2.11)$$

où : V_i^{k+1} vitesse du particule i à l'itération $k+1$,
  w fonction de pondération,
  C_i facteur de pondération,
  $rand$ nombre aléatoire entre 0 et 1,
  S_i^k position actuelle de la particule i à l'itération k,
  $pbest_i$ *pbest* du particule i,
  $gbest$ *gbest* du groupe.

L'expérience montre qu'une bonne exploration du domaine de recherche est obtenue en introduisant les nombres aléatoires $rand_1$ et $rand_2$, en général avec une répartition uniforme entre 0 et 1 **[104]**.

Nous remarquons à partir de l'équation (2.10) que d'une itération à l'autre, chaque particule S_i se déplace selon une règle qui dépend de trois facteurs décrits par les termes suivants. Le premier terme de la sommation représente l'inertie ou l'habitude (la particule se déplace dans la même direction que précédemment). Le deuxième terme représente la mémoire (la particule est attirée par le meilleur point dans sa trajectoire), alors que le troisième représente la coopération ou l'échange d'information (la particule est attirée par le meilleur point trouvé par toutes les particules). La figure 2.13 montre un concept de la modification d'un point de recherche par l'*OEP* où chaque particule change sa position actuelle en tenant compte des différents facteurs.

La fonction de pondération qui est habituellement utilisée dans l'équation (2.10) et qui permet de s'approcher graduellement de *pbest* et de *gbest* peut être écrite sous la forme suivante :

$$w = w_{max} - \frac{w_{max} - w_{min}}{iter_{max}} \times iter \quad (2.12)$$

où : w_{max} poids initial,
  w_{min} poids final,
  $iter_{max}$ nombre maximal d'itérations,
  $iter$ nombre actuel d'itérations.

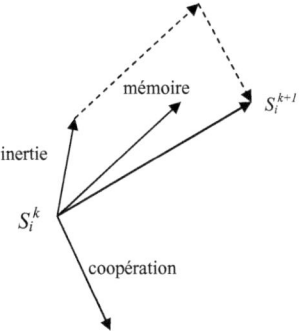

Figure 2.13 Concept de modification d'un point de recherche par l'*OEP*

L'algorithme général de l'*OEP* peut être décrit comme suit :

Etape 1 *:* Génération d'état initial de chaque particule

Les points de recherche initiaux, position (S_i^0) et vitesse (V_i^0), de chaque particule sont habituellement produits aléatoirement dans les limites permises. Le point de recherche courant est placé à *pbest* pour chaque particule. La meilleure valeur évaluée de *pbest* est placée à *gbest*.

Etape 2 : Evaluation de recherche du point de chaque particule

La valeur de la fonction objectif est calculée pour chacune des particules. Si la valeur d'une particule est meilleure que son *pbest* courant, *pbest* prend cette nouvelle valeur. Si la meilleure valeur de *pbest* est meilleure que *gbest* courant, *gbest* est remplacé par cette meilleure valeur et le numéro de la particule qui correspond à cette meilleure valeur est ainsi stocké et mémorisé.

Etape 3 : Modification de chaque point de recherche

Le point de recherche courant de chaque particule est modifié en utilisant (2.10) et (2.11).

Etape 4 : Vérification du critère d'arrêt

Si le nombre actuel d'itérations atteint le nombre maximal d'itérations prédéterminé, alors sortir. Autrement, revenir à l'étape 2 et réitérer le processus.

Un programme écrit en Fortran 90 traduisant l'algorithme de l'*OEP* a été élaboré. Les paramètres de contrôle à ajuster peuvent être résumés ainsi :

- ***Tpop*** taille de la population,
- w_{max} poids initial,
- w_{min} poids final,
- C_i facteur de pondération,
- $iter_{max}$ nombre maximal d'itérations,

2.4 Validation des programmes élaborés

Des fonctions tests simples ont été choisies pour être optimisées par les différentes méthodes métaheuristiques présentées. La validation des différents programmes conçus est faite par rapport aux résultats théoriques connus pour chacune de ces fonctions (optimum global de la fonction et valeurs optimales du vecteur des variables). Les tests ont été opérés sur plusieurs fonctions **[65, 105-109]**.

A titre d'exemple, considérons le problème suivant :

$$\text{Min } f(X) = 10 * n + \sum_{i=1}^{n}((a_i x_i)^2 - 10\cos(2\pi x_i)), \quad a_i = 1 \qquad (2.13)$$

Avec $-3 \leq x_i \leq 3$.

Nous voulons trouver le minimum global de cette fonction pour une dimension de n = 3. Cette fonction présente un optimum global à $X = 0$ avec $f(X) = 0$.

Pour avoir une idée sur la forme de cette fonction, traçons la fonction pour n = 1 et n = 2 :

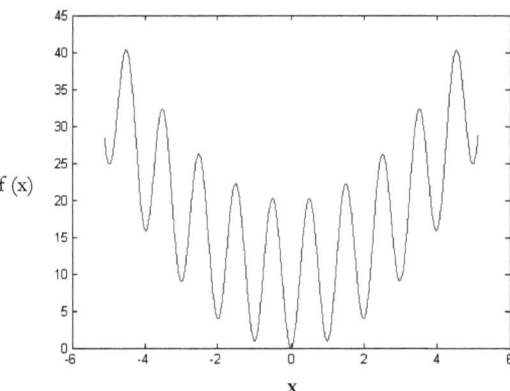

Figure 2.14 Allure de la fonction pour n = 1

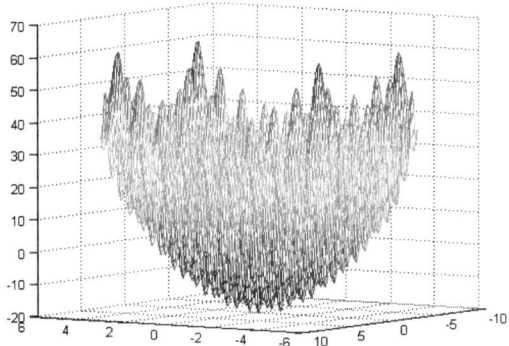

Figure 2.15 Allure de la fonction pour n = 2

La particularité de cette fonction est que l'optimum global est entouré d'un ensemble d'optimums locaux. La difficulté réside essentiellement dans le fait que les optimums locaux les plus susceptibles à une convergence prématurée sont les plus proches de l'optimum global. L'optimum global est alors entouré de plusieurs optima locaux, ce qui nous oblige de bien calibrer les différents paramètres de nos algorithmes.

L'optimum global de cette fonction est obtenu pour $X = [0]$ avec $f(X) = 0$

Pour optimiser cette fonction, les paramètres de contrôle de toutes les méthodes métaheuristiques ont été ajustés d'une manière appropriée et sont récapitulés dans tableau 2.1. Il faut noter que chaque chromosome dans l'AG simple ainsi que l'$A\mu G$ est représenté par 10 bits en code binaire. Les résultats obtenus par les différentes métaheuristiques sont résumés dans le tableau 2.2.

Tableau 2.1 Paramètres de contrôle des différentes métaheuristiques.

Métaheuristiques	Paramètres de contrôle
$A\mu G$	$Ngén = 100$; $Pc = 1$; $Tdiv = 0.05$; $Tpop = 5$; $Tcroi$: uniforme
AG	$Ngén = 50$; $Pc = 0.9$; $Pm = 0.02$; $Tpop = 30$; $Tcroi$: uniforme
$SE(\mu+\lambda)$	$Ngén = 50$; $\lambda = 30$; $\mu = 10$; mut : auto-adaptative; rec : intermédiaire
OEP	$Tpop = 100$; $w_{max} = 0.9$; $w_{min} = 0.4$; $C_1 = C_2 = 1.4$; $iter_{max} = 70$
RS	$T_0 = 0.1$; $RT = 0.5$; $EPS = 10^{-6}$; $NS = 20$; $NT = 10$; $NEPS = 4$
RT	$Ndiv = 20$; $L = 5$; $Imax = 30$; $M = 50$

Tableau 2.2 Résultats obtenus par les différentes métaheuristiques.

Métaheuristiques	Valeurs des variables			Valeur de Fobj
	x(1)	x(2)	x(3)	
AµG	$-2.9*10^{-3}$	$-14.7*10^{-3}$	$2.9*10^{-3}$	$-46*10^{-3}$
AG	$2.9*10^{-3}$	$2.9*10^{-3}$	$2.9*10^{-3}$	$-5.12*10^{-3}$
SE(µ+λ)	$5.42*10^{-5}$	$3.96*10^{-4}$	$6.82*10^{-6}$	$-3.15*10^{-5}$
OEP	$-1.3*10^{-4}$	$-1.1*10^{-4}$	$-1.0*10^{-4}$	$8.57*10^{-6}$
RS	$-5.9*10^{-5}$	$2.2*10^{-5}$	$-7.5*10^{-8}$	$1.1*10^{-12}$
RT	$-4.2*10^{-5}$	$-4.1*10^{-5}$	$-1.3*10^{-5}$	$7.34*10^{-7}$

Pour bien analyser les résultats de simulation, nous avons procédé à de multiples tests en faisant varier, à travers l'exécution sur des fonctions simples, les différents paramètres de base qui interviennent dans l'algorithme. Pour toutes ces métaheuristiques, on a constaté qu'un réglage adéquat des paramètres de contrôle est nécessaire pour que ces méthodes convergent vers des résultats satisfaisants.

Prenons quelques exemples. Pour le recuit simulé, il faut trouver la température de départ, et le schéma de variation de cette température au cours des itérations. Pour la recherche taboue, la longueur de la liste taboue est importante. Trop grande, celle-ci conduit à un blocage où dans le pire des cas tous les voisins d'une solution sont tabous ; trop petite, celle-ci ne peut éviter les cyclages et la méthode parcoure les mêmes solutions indéfiniment.

Pour les méthodes à population, en plus des paramètres caractérisant chacune des méthodes, la taille de la population et le nombre d'itérations jouent eux aussi leur importance pour aboutir à de bons résultats. Il faut noter que ces deux paramètres sont intimement liés. Une grande taille de population nécessite peu d'itérations pour obtenir le minimum global, tandis que pour une petite taille, il faudrait un nombre d'itérations beaucoup plus grand.

On a constaté aussi qu'en général les résultats obtenus pour les différentes fonctions sont proches des valeurs théoriques correspondantes mais en analysant ces résultats on voit que :

- Toutes ces métaheuristiques assurent la convergence vers l'optimum global même en présence d'optima locaux, contrairement aux méthodes conventionnelles qui n'assurent la convergence que vers l'optimum local le plus proche.

- Les méthodes à recherche locale donnent des résultats meilleurs que les méthodes à populations mais nous avons constaté sur plusieurs essais faits sur la méthode de la recherche taboue que le temps d'exécution de cette méthode est très grand relativement aux autres méthodes, et que la méthode du recuit simulé donne un meilleur résultat avec un temps d'exécution acceptable comparativement à ceux des autres techniques.

- Les résultats obtenus prouvent la performance des métaheuristiques en qualité de la solution et font également preuve d'une efficacité satisfaisante.

2.5 Conclusion

Dans ce chapitre, nous avons introduit le concept de métaheuristique. Cinq méthodes de base dont trois à population et deux à parcours ont été présentées. Ces outils ont été rassemblés par catégories. Mais avant tout, cette synthèse a pour modeste ambition de proposer un panorama général des plus importantes métaheuristiques d'aujourd'hui qui permettent de résoudre un problème d'optimisation combinatoire.

Passer de la théorie à la pratique est souvent difficile. L'implémentation de toutes ces métaheuristiques pose des problèmes insoupçonnables. Un des soucis, et sans doute pas le moindre, est la compétence informatique. Savoir programmer dans un langage informatique évolué (quel qu'il soit) est très important. Si on suppose que cette compétence est acquise, alors un autre problème apparaît : c'est le réglage des paramètres de chacune de ces métaheuristiques.

Toutes ces méthodes ont été traduites à des programmes. Les programmes élaborés ont été testés et validés sur plusieurs fonctions tests en faisant varier les différents paramètres de base qui interviennent dans chacun des algorithmes. Les résultats obtenus ont prouvé la performance de ces métaheuristiques. Comme première constatation, les méthodes à recherche locale ont donné des résultats meilleurs que les méthodes à populations.

Ces méthodes seront, bien sûr dans les prochains chapitres, adaptées pour être appliquées au problème de planification de l'énergie réactive dans des réseaux électriques de transport.

Chapitre 3

Ecoulement optimal de puissance réactive

3.1 Introduction

D'après la formulation mathématique du premier niveau du programme qui représente le sous-problème de fonctionnement, on a constaté que c'est un problème d'écoulement optimal de puissance réactive (ORPF).

Il est clair que pour n'importe quel moyen de planification d'énergie réactive, il serait utile d'avoir un bon module (programme) de fonctionnement du réseau d'énergie électrique. Ce module serait capable d'évaluer l'impact des éléments de contrôle réactif (générateurs, régleurs en charge et compensateurs shunt capacitifs ou inductifs) sur l'économie et la sécurité du système d'énergie électrique [11].

Généralement, l'écoulement optimal de puissance réactive vise comme principaux objectifs : la réduction des coûts de production, l'amélioration de la qualité et fiabilité du système en maintenant les tensions dans leurs limites permises ainsi que l'augmentation de la marge de sécurité du système. Durant les deux dernières décennies, beaucoup d'efforts ont été consacrés au développement des méthodes mathématiques pour la résolution du problème d'optimisation de la puissance réactive, dont la complexité se caractérise par [35]:

- ➢ des configurations complexes et de grande dimension des réseaux électriques,
- ➢ des relations non linéaires entre les niveaux de tension et les puissances réactives générées ($V/MVar$),
- ➢ des caractéristiques non linéaires de charges,
- ➢ la nature discrète des capacités estimées des compensateurs,
- ➢ l'exigence de ressources de puissance réactive ajustable correspondant à la variation de la charge.

Les méthodes conventionnelles déjà utilisées pour résoudre ce problème se sont basées sur la programmation non linéaire et la programmation linéaire. Ces méthodes conventionnelles, bonnes pour les fonctions objectifs quadratiques (déterministes) ayant un seul minimum, sont basées généralement sur des linéarisations successives utilisant la première et la deuxième dérivée de la fonction objectif et sur ses contraintes comme direction de recherche. D'autre part, dans le cas d'un écoulement optimal de la puissance réactive, les fonctions objectifs sont hyper-quadratiques avec plusieurs minimums locaux. Les méthodes conventionnelles peuvent facilement converger vers un minimum local et parfois même diverger.

Récemment, des méthodes d'intelligence artificielle et des techniques n'exigeant pas la convexité de la fonction objectif tels que les métaheuristiques ont fait leur apparition avec une grande probabilité de converger vers l'optimum global. Parmi ces méthodes utilisées, on peut citer : le recuit simulé, la technique de recherche Tabou, les algorithmes génétiques, la stratégie évolutionnaire ou encore l'optimisation par essaim de particules,..., etc.

Dans ce chapitre, nous allons appliquer toutes les techniques métaheuristiques déjà détaillées dans le deuxième chapitre au problème de l'écoulement optimal de puissance réactive et démontrer bien sûr l'efficacité de l'application de toutes ces techniques ainsi que les avantages qu'elles offrent et ceci en comparant les résultats à ceux obtenus dans des travaux antécédents par la méthode du gradient réduit.

3.2 Écoulement optimal de puissance réactive

3.2.1 Formulation mathématique

L'objectif principal du problème de l'écoulement optimal de puissance réactive est de minimiser les pertes ohmiques dans le réseau électrique et maintenir les tensions dans leurs limites permises tout en satisfaisant un ensemble de contraintes égalités et inégalités.

Les contraintes égalités représentent les équations de l'écoulement de puissance. Les limites sur les tensions, sur les puissances réactives des générateurs ou des compensations shunts ainsi que les limites sur les rapports des régleurs en charge constituent les contraintes inégalités.

Pour le cas de notre problème, la fonction objectif représente les pertes actives dans le réseau électrique, la formulation générale de ce problème s'écrivant sous forme explicite comme suit [110-115]:

$$\min \quad P_L = \sum_{i=1}^{N_G} P_{G_i} - \sum_{j=1}^{N-N_G} P_{D_j} \qquad (3.1)$$

lié aux contraintes égalités :

$$\begin{aligned} P_{Gi} - P_{Di} - V_i \sum_{j=1}^{N} V_j(G_{ij}\cos\theta_{ij} + B_{ij}\sin\theta_{ij}) &= 0 \\ Q_{Gi} - Q_{Di} - V_i \sum_{j=1}^{N} V_j(G_{ij}\cos\theta_{ij} - B_{ij}\sin\theta_{ij}) &= 0 \end{aligned} \qquad i = 1, N \qquad (3.2)$$

et à l'ensemble de contraintes inégalités :

$$\begin{aligned} Q_{G_{i,min}} &\le Q_{G_i} \le Q_{G_{i,max}} & i &= 1, N_G \\ Q_{C_{i,min}} &\le Q_{C_i} \le Q_{C_{i,max}} & i &= 1, N_{cap} \\ T_{i,min} &\le T_i \le T_{i,max} & i &= 1, N_t \\ V_{G_{i,min}} &\le V_{G_i} \le V_{G_{i,max}} & i &= 1, N_G \\ V_{L_{i,min}} &\le V_{L_i} \le V_{L_{i,max}} & i &= 1, N_L \end{aligned} \qquad (3.3)$$

avec
- N nombre total de nœuds,
- N_G nombre de générateurs,
- N_L nombre des nœuds de charge,
- N_t nombre de transformateurs,
- N_{cap} nombre de condensateurs shunts,
- V_i amplitude de tension au nœud i,
- Θ_i déphasage de la tension au nœud i, $\Theta_{ij} = \Theta_i - \Theta_j$,
- P_{Gi}, Q_{Gi} puissances active et réactive générées,
- P_{Di}, Q_{Di} puissances active et réactive demandées,
- G_{ij} conductance mutuelle entre les nœuds i et j,
- B_{ij} susceptance mutuelle entre les nœuds i et j
- Q_{Gimin}, Q_{Gimax} limites sur les puissances réactives au nœud générateur i,
- Q_{Cimin}, Q_{Cimax} limites sur la capacité du compensateur installé au nœud i,
- T_{imin}, T_{imax} limites sur le rapport du régleur en charge au nœud i.

La formulation précédente peut être réécrite sous forme compacte :

$$\min \ f(X,U) \tag{3.4}$$

sujet à :

$$\begin{aligned} G(X,U) &= 0 \\ H(X,U) &\leq 0 \\ X_{min} &\leq X \leq X_{max} \\ U_{min} &\leq U \leq U_{max} \end{aligned} \tag{3.5}$$

où : X ensemble des variables d'état,
U ensemble des variables de contrôle.

3.2.2 Algorithme de résolution

La résolution du sous-problème de fonctionnement passe par la détermination de la configuration optimale des moyens de contrôle de l'énergie réactive, permettant ainsi l'amélioration du fonctionnement du réseau. Pour cela l'algorithme représenté dans la figure 3.1 est utilisé.

L'écoulement de puissance est résolu en utilisant la méthode d'écoulement de puissance découplée rapide avec les puissances actives, l'amplitude des tensions aux noeuds de génération, les coefficients des régleurs en charge et les susceptances des compensateurs shunt sont considérés comme des variables connues, alors que les puissances réactives aux noeuds générateurs (d'énergie réactive) et les modules des tensions aux noeuds de charge sont inconnues. Ces variables inconnues peuvent aller au delà des limites permises une fois que l'écoulement de puissance est résolu.

Dans l'algorithme proposé, le module de tension aux noeuds générateurs, les coefficients des régleurs en charge et les susceptances de la compensation shunt sont des variables de contrôle (entre les limites permises).

3.2.3 Traitement des contraintes fonctionnelles [116]

Les problèmes physiques enveloppent souvent des contraintes qui doivent être respectées par les solutions, l'ensemble des contraintes définissent le domaine de faisabilité, une solution qui viole une ou plusieurs contraintes est dite non faisable et elle ne peut pas être considérée comme une solution adéquate au problème, même si, elle optimise la fonction objectif. Dans notre cas, les tensions aux nœuds de charges sont les principales contraintes dures considérées. On a fait appel alors à des fonctions de pénalités qui pénalisent les solutions qui violent ces contraintes.

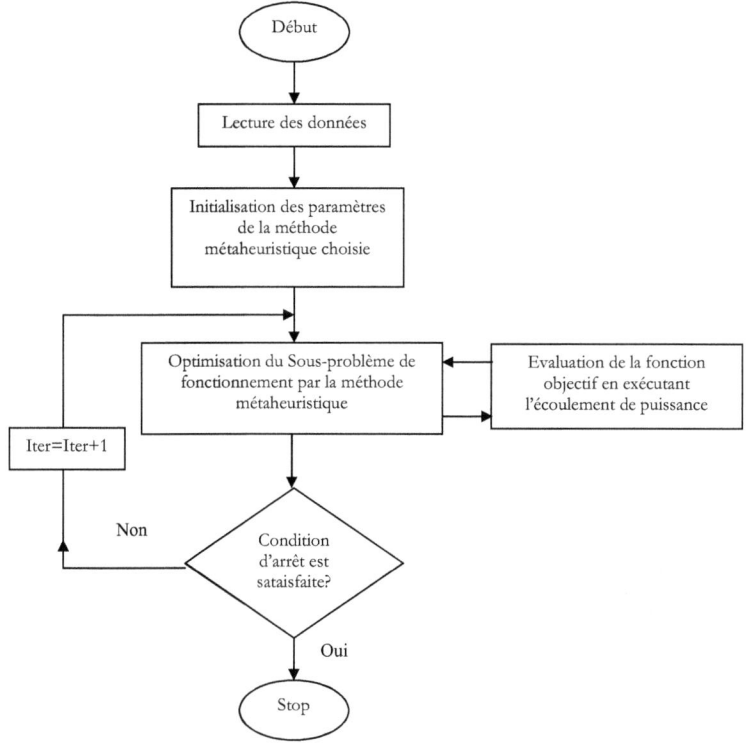

Figure 3.1 Organigramme d'optimisation du sous-problème de fonctionnement.

Les fonctions de pénalités introduisent une mesure du degré de satisfaction des contraintes. L'introduction des pénalités permet de transformer le problème d'optimisation avec contraintes en un problème d'optimisation sans contraintes, plus facile à traiter.

En introduisant une fonction de pénalité, la fonction objectif f doit être remplacée par :

$$F(X,U) = f(X,U) + \sum \omega_j \quad (3.6)$$

où le facteur de pénalité ω_j est introduit pour chaque violation de contrainte fonctionnelle.

Il existe plusieurs formes possibles de fonctions de pénalités, le choix d'une forme particulière dépend de la nature et de la complexité du problème à traiter. Dans notre cas, une fonction de pénalité statique, imposant une sévérité de pénalité constante sur les solutions qui violent le domaine de faisabilité, a été choisie. Les fonctions de pénalité utilisées sont les suivantes :

$$\omega_j = \begin{cases} \alpha_j \left(x_j - x_j^M\right)^2 & \text{si} \quad x_j > x_j^M \\ \alpha_j \left(x_j - x_j^m\right)^2 & \text{si} \quad x_j < x_j^m \end{cases} \tag{3.7}$$

α_j étant un scalaire à choisir correctement.

En fait, l'inconvénient majeur des fonctions de pénalités statiques est la détermination du coefficient constant (dans notre cas α_j) qui représente la sévérité de la pénalité pour chaque problème.

La figure 3.2 montre la fonction de pénalité qui remplace la limite rigide par une limite souple.

La méthode efficace pour le choix de α_j est de commencer par une petite valeur et l'augmenter lors du processus d'optimisation si la solution dépasse une certaine tolérance sur la limite.

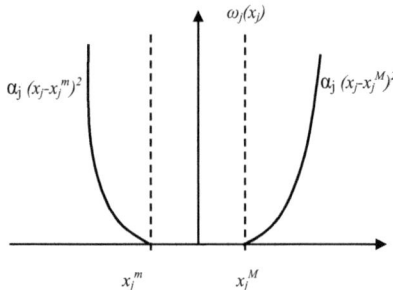

Figure 3.2 Fonction de pénalité.

3.2.4 Traitement des variables discrètes [117]

Toutes les variables sont supposées continues. Par exemple, la contrainte sur le niveau de tension en un nœud générateur permet à V_G de prendre toutes les valeurs dans la gamme définie. L'algorithme de l'*ORPF* proposé suppose le même procédé pour les contraintes liées aux transformateurs régleurs en charge. Bien que cette supposition ne soit pas absolument vraie puisque les transformateurs régleurs en charge ont un nombre fixe de prises de charge correspondant à des valeurs discrètes et non continues.

Une solution possible à ce problème est d'arrondir la valeur optimale trouvée pour une prise de charge supposée continue à la prise discrète la plus proche. Cependant, trois problèmes surviennent par cette méthodologie. Le premier, il n'y a aucune garantie que la solution arrondie est bien la solution optimale. Le deuxième, la solution peut devenir non correct après l'approximation, c'est-à-dire, quelques contraintes peuvent être violées. Le troisième, cette méthodologie ne conviendra pas bien avec les variables discrètes qui ont de très large pas telles que les batteries de condensateurs.

3.3 Écoulement de puissance découplé rapide (*FDLF*) [118]

La méthode générale de Newton-Raphson donne une solution satisfaisante pour le problème d'écoulement de puissance. Cependant, la réévaluation des éléments du Jacobien après chaque itération nécessite un nombre assez élevé d'opérations arithmétiques et par conséquent un temps par itération relativement élevé.

Les performances de cette méthode peuvent être améliorées en faisant des approximations physiques et mathématiques justifiées dans la formulation du Jacobien, ce qui permet de minimiser le temps d'exécution et la capacité de mémoire. Cette approche est appelée méthode d'écoulement de puissance découplé rapide (*Fast Decoupled Load Flow*).

Dérivation de l'algorithme de base

La représentation de Newton-Raphson en coordonnées polaires des équations d'écoulement de puissance est prise comme point de départ pour la dérivation. La méthode de Newton-Raphson est une application formelle de l'algorithme général de résolution des équations non-linéaires et constitue les solutions successives de l'équation de la matrice jacobienne réelle et peu dense:

$$\begin{bmatrix} \Delta P \\ \Delta Q \end{bmatrix} = \begin{bmatrix} H & N \\ J & L \end{bmatrix} \begin{bmatrix} \Delta \theta \\ \Delta |V|/|V| \end{bmatrix} \qquad (3.8)$$

La première étape dans l'application du principe de découplage **MW-θ / MVAR-V** est de négliger les sous-matrices [N] et [J] dans (*3.8*) ce qui donne deux équations séparées :

$$[\Delta P] = [H][\Delta\theta] \qquad (3.9)$$

$$[\Delta Q] = [L]\left[\Delta|V|/|V|\right] \qquad (3.10)$$

avec :

$$H_{km} = L_{km} = V_k V_m (G_{km}\sin(\theta_{km}) - B_{km}\cos(\theta_{km})) \quad pour \quad m \neq k$$

$$H_{kk} = -B_{kk}V_k^2 - Q_k \quad et \quad L_{kk} = -B_{kk}V_k^2 + Q_k$$

Les équations (*3.9*) et (*3.10*) doivent être résolues alternativement comme méthode de Newton découplée, en réévaluant et inversant [*H*] et [*L*] à chaque itération ce qui exige un autre effort de calcul. Des hypothèses simplificatrices physiquement justifiables ont été ainsi proposées:

1) comme le réseau possède en général un rapport R/X relativement faible (inférieur à *10%*), on peut écrire:

$$G_{ij}\sin(\theta_i - \theta_j) \gg B_{ij}$$

2) la différence entre les phases de tension de deux noeuds adjacents est très petite, d'où:

$$\sin(\theta_i - \theta_j) = \sin(\theta_{ij}) \approx \theta_i - \theta_j \approx 0$$
$$\cos(\theta_{ij}) \approx 1$$

3) et aussi

$$Q_i \gg B_{ii}V_i^2$$

D'où les meilleures approximations pour (3.9) et (3.10) sont:

$$[\Delta P] = \left[|V|B'|V|\right][\Delta\theta] \qquad (3.11)$$

$$[\Delta Q] = \left[|V|B''|V|\right]\left[\Delta|V|/|V|\right] \qquad (3.12)$$

A ce stade de dérivation, les éléments des matrices B' et B'', de dimension respectivement $(N\text{-}1)(N\text{-}1)$ et $(N\text{-}N_{PV}\text{-}1)(N\text{-}N_{PV}\text{-}1)$, sont les éléments de la matrice $[-B]$.

Le processus de découplage et la forme finale de l'algorithme sont complétés en:

a) négligeant les éléments affectant l'écoulement de puissance réactive pendant la formation de [B'], ce qui revient à négliger les réactances shunt et considérer que les transformateurs fonctionnent à leur régime nominal.

b) négligeant les éléments affectant l'écoulement de puissance active pendant la formation de [B''], c'est à dire omettant l'effet des transformateurs déphaseurs.

c) négligeant les résistances séries lors de la formation de [B'], qui devient ainsi une matrice de formation d'un écoulement de puissance continue (*DC load flow*). Ceci est d'importance mineure, mais il y a néanmoins une amélioration légère des résultats.

d) faisant ramener $|V|$, du membre droit au membre gauche des équations (3.11) et (3.12), et en supprimant dans l'équation (3.11) l'influence de l'écoulement des puissances réactives dans le calcul de $\Delta\theta$ en posant tous les termes de $|V|$ du membre droit à 1 *p.u.*

Avec ces modifications, les équations de l'écoulement de puissance découplé rapide (*FDL*) deviennent:

$$[\Delta P/|V|] = [B'][\Delta\theta] \qquad (3.13)$$

$$[\Delta Q/|V|] = [B''][\Delta|V|] \qquad (3.14)$$

Les différentes variantes de l'écoulement de charge découplé rapide se distinguent par l'annulation des résistances des branches de [B'] ou de [B''] (voir tableau 3.1).

Tableau 3.1 Différentes versions de *FDL*.

Type de *FDL*	[B']	[B'']
XX	$r_{ij} = 0$	$r_{ij} = 0$
XB	$r_{ij} = 0$	$r_{ij} \neq 0$
BX	$r_{ij} \neq 0$	$r_{ij} = 0$
BB	$r_{ij} \neq 0$	$r_{ij} \neq 0$

Dans le cas de la version XX, les matrices $[B']$ et $[B'']$ sont données par:

$$\begin{cases} B'_{ij} = -\dfrac{1}{x_{ij}} & i \neq j \\ B'_{ii} = \sum\limits_{j=1}^{N} \dfrac{1}{x_{ij}} \\ B''_{ij} = B'_{ij} \end{cases}$$

Les deux matrices $[B']$ et $[B'']$ sont creuses et formées d'éléments réels et elles ont la structure de $[H]$ et $[L]$ respectivement. Puisqu'elles ne contiennent que les admittances du réseau, elles sont ainsi constantes et n'ont besoin d'être inversées qu'une seule fois au début du programme, ce qui résout le problème relatif à la réévaluation des éléments de la matrice Jacobienne. En ce qui concerne la méthode d'inversion des matrices, la technique de Shipley-Colman est utilisée **[119]**.

L'organigramme de l'écoulement de puissance rapide est illustré par la figure 2.2.

La tolérance considérée pour le test de convergence d'un écoulement de puissance découplé rapide est de 0.0001 $p.u$ pour les puissances actives et réactives. Le programme détecte seul toute divergence de ce dernier.

En fait, les contraintes limites sur les puissances réactives sont traitées dans le programme d'écoulement de puissance découplée rapide (*FDL*). Le programme vérifie pour les nœuds PV dont les limites de production de réactif $\mathbf{Q_{Gmin}}$ et $\mathbf{Q_{Gmax}}$ ont été spécifiées, si Q_G dépasse ces limites, le nœud est basculé *PQ* et le module de la tension n'est plus fixé. Il faut noter que dans ce cas la matrice $[B'']$ (les axes éliminés doivent être remis) est modifié, il faut donc reformer et réinverser $[B'']$. Bien sûr, cette opération augmente le temps de calcul et altère ainsi une des qualités essentielles de cette méthode; la rapidité.

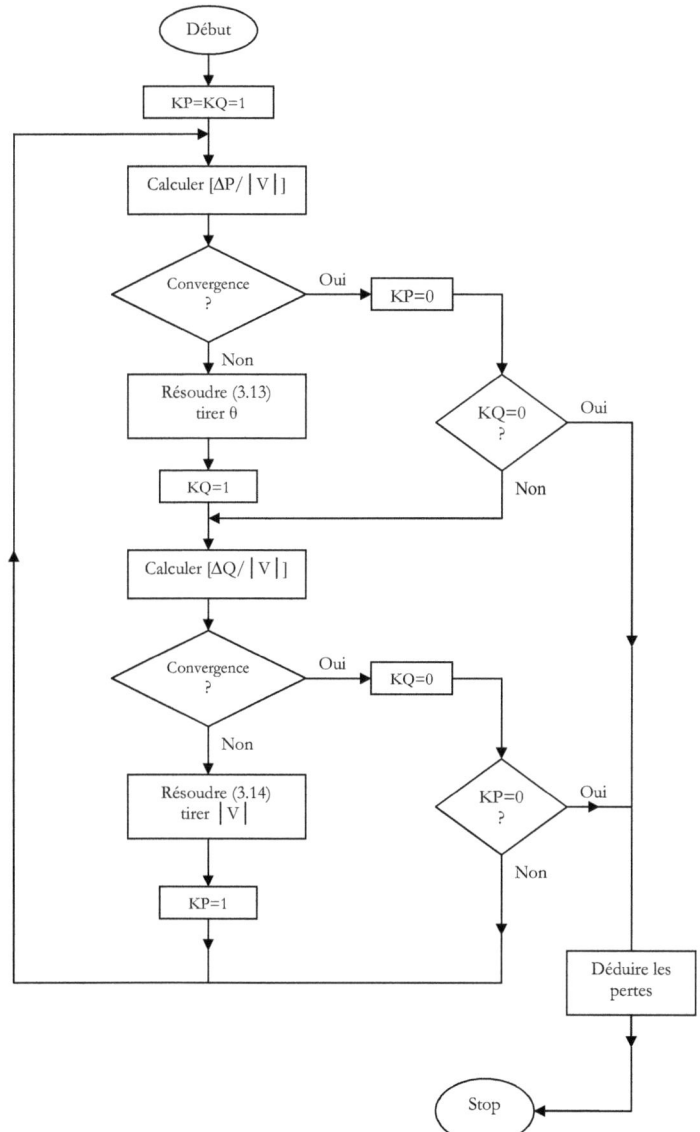

Figure 3.3 Organigramme de l'écoulement de puissance découplé rapide

3.4 Applications des métaheuristiques à l'*ORPF*

3.4.1 Réseau modèle IEEE 14 noeuds

Le réseau test IEEE 14 nœuds étudié, présenté en annexe B.1, est constitué de 14 nœuds, 20 branches dont 3 transformateurs et 4 nœuds sont contrôlables [120]. Ce réseau contient alors 8 variables de contrôle (y compris le nœud balancier). Les tests sont faits dans une première étape pour les conditions limites suivantes sur les tensions et rapports de transformateurs en *p.u.* (per-unit):

$$0.9 \leq V_G \leq 1.1; \quad 0.9 \leq V_L \leq 1.1; \quad 0.9 \leq T \leq 1.1$$

Dans chacune des méthodes métaheuristiques explicitées précédemment, plusieurs paramètres doivent être ajustés afin de trouver la solution optimale. Pour une bonne analyse des résultats de simulation, nous avons effectué plusieurs tests tout en changeant les paramètres de contrôle des différents algorithmes. Par conséquent, en choisissant convenablement les paramètres de contrôle, des meilleurs résultats d'optimisation sont atteints. Les résultats de ces nouvelles techniques seront comparés à ceux trouvés par une méthode classique le gradient réduit [64, 121-123].

Pour le cas du réseau modèle IEEE 14 noeuds, les paramètres de contrôle de toutes les méthodes sont récapitulés dans tableau 3.2. Ces paramètres ont été obtenus bien sûr avec un ajustement approprié et ceci après plusieurs tests.

Il faut noter que chaque chromosome dans l'*AG* simple ainsi que l'*AμG* est représenté par 10 bits en code binaire. Dans ce cas, la valeur attribuée au facteur de pondération α est prise égale à 10 et ceci après plusieurs exécutions faites.

Tableau 3.2 paramètres de contrôle des différentes métaheuristiques (Réseau IEEE 14 noeuds).

Métaheuristiques	Paramètres de contrôle
AμG	*Ngén* =200 ; *Pc* = 1 ; *Tdiv* = 0.05 ; *Tpop* = 5 ; *Tcroi* : *uniforme*
AG	*Ngén*=200 ; *Pc* = 0.9 ; *Pm* = 0.02 ; *Tpop* = 30 ; *Tcroi* : *uniforme*
SE(μ+λ)	*Ngén*=50 ; λ=40 ; μ=10 ; *mut* : *auto-adaptative;* *rec* : *intermédiaire*
OEP	*Tpop* =150 ; w_{max} =0.9 ; w_{min} =0.4 ; $C_1 = C_2$ =1.4 ; $iter_{max}$ =150
RS	T_0=0.1; RT=0.5 ; $EPS=10^{-7}$; NS=20 ; NT=20 ; NEPS=6
RT	*Ndiv* = 20 ; *L* = 5 ; *Imax* = 50 ; *M* = 10

Les figures 3.4 et 3.5 représentent respectivement les variations de la fonction d'adaptation ainsi que les pertes actives en fonction du nombre de générations dans le cas de l'*AG* et l'*AμG*. D'après une première lecture de ces figures, on peut dire que l'algorithme micro génétique (*AμG*) donne des résultats comparables à ceux obtenus par l'*AG* simple et ceci pour un temps d'exécution nettement inférieur (taille de population est 6 fois plus petite dans le cas de l'*AμG*) ce qui est un avantage surtout pour les réseaux de très grande taille.

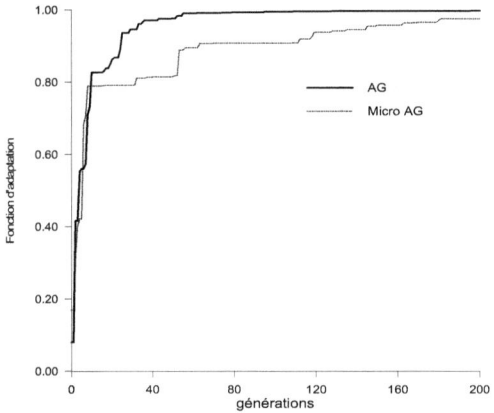

Figure 3.4 Variation de la fonction d'adaptation en fonction du nombre de générations dans le cas de l'*AG* et l'*AμG* (IEEE 14 nœuds).

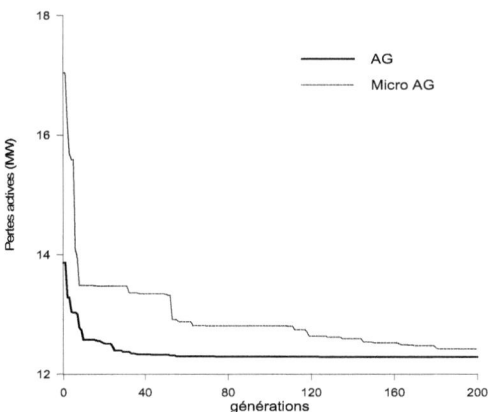

Figure 3.5 Variation des pertes actives en fonction du nombre de générations dans le cas de l'*AG* et l'*AμG* (IEEE 14 nœuds).

Les figures 3.5 et 3.6 illustrent respectivement la variation des pertes actives en fonction du nombre de générations dans le cas de la stratégie évolutionnaire (*SE*) et de l'optimisation par essaim de particules (*OEP*). On constate bien que les pertes actives diminuent avec le nombre d'itérations.

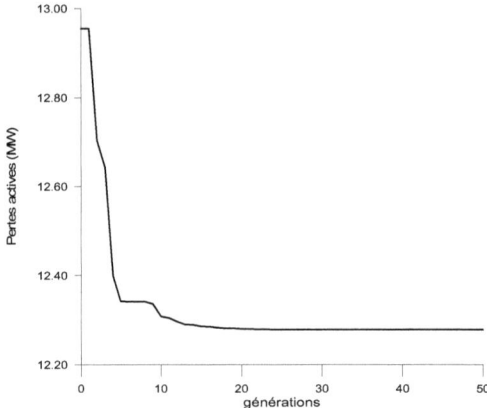

Figure 3.6 Variation des pertes actives en fonction du nombre d'itérations dans le cas de la *SE* (IEEE 14 nœuds).

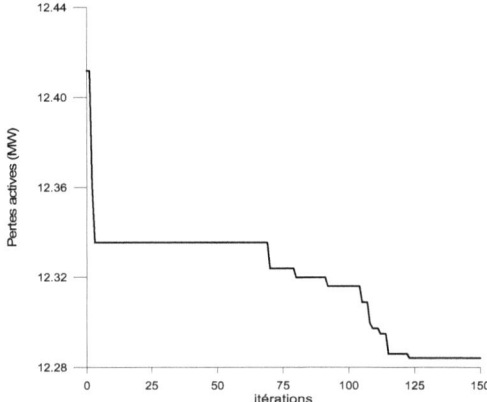

Figure 3.7 Variation des pertes actives en fonction du nombre d'itérations dans le cas de l'*OEP* (IEEE 14 nœuds)

Dans le cas de la recherche taboue, les figures 3.8 et 3.9 représentent simultanément la variation de la fonction objectif ainsi que la meilleure valeur des pertes actives en fonction du nombre de diversifications [124].

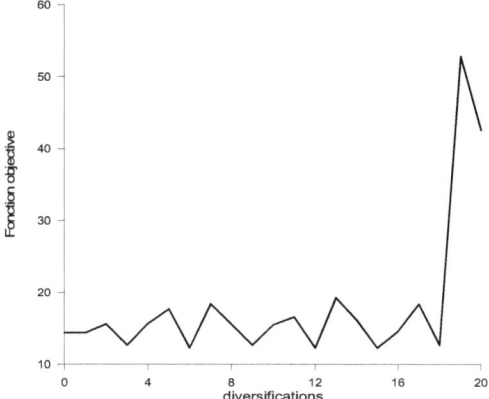

Figure 3.8 Variation de la fonction objectif en fonction du nombre de diversifications dans le cas du RT (IEEE 14 noeuds).

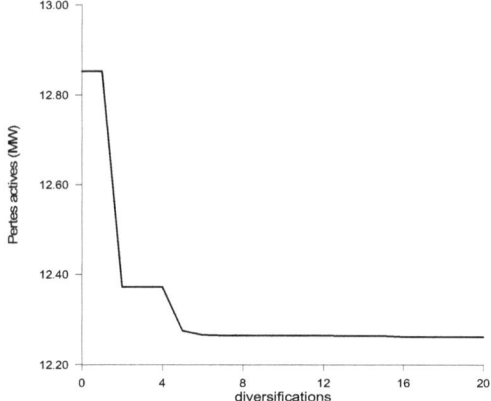

Figure 3.9 Variation des pertes actives en fonction du nombre de diversifications dans le cas du RT (IEEE 14 noeuds).

Dans le cas du recuit simulé (RS), la solution globale du problème d'optimisation est obtenue après 27 itérations. En effet, ce nombre d'itérations dépend surtout des valeurs de EPS et NEPS définies auparavant. Les figures 3.10 et 3.11 illustrent respectivement la variation de la température et des pertes actives en fonction du nombre d'itérations. Il faut noter que la valeur initiale des pertes actives dépend surtout des conditions initiales des variables de contrôle qui doivent être fixées au départ. En ce qui concerne l'allure des pertes, nous remarquons qu'elle dépend surtout de la valeur de la température initiale T_0. La diminution effective des pertes est obtenue durant les transitions de faibles températures (10^{-3} à 10^{-6} ce qui correspond approximativement dans ce cas à l'intervalle entre 6 et 14 itérations).

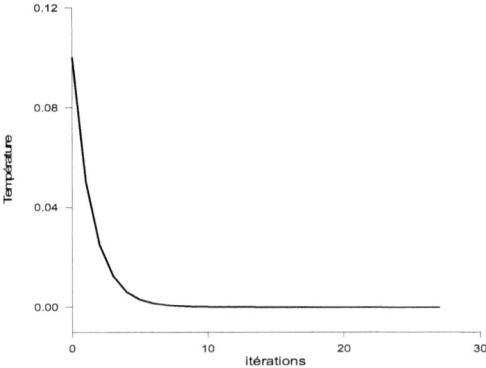

Figure 3.10 Variation de la température en fonction du nombre d'itérations dans le cas du RS (IEEE 14 nœuds).

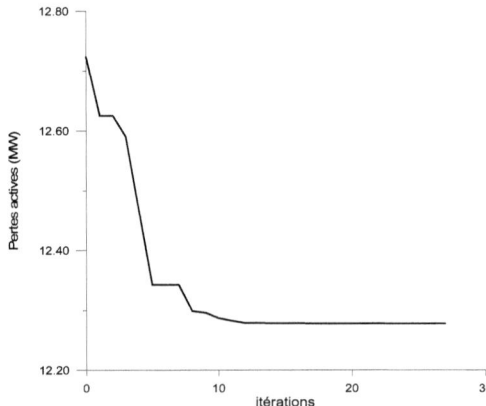

Figure 3.11 Variation des pertes actives en fonction du nombre d'itérations dans le cas du RS (IEEE 14 noeuds).

La figure 3.12 montre la variation de *Nup*, *Ndown*, *Nrej* définies auparavant en fonction du nombre d'itérations. On remarque que le nombre d'évaluations *Ndown* donnant des meilleures valeurs de la fonction objectif à une température T diminue en tendant vers la valeur zéro vers l'itération 23. Tandis que pour *Nrej* (le nombre d'évaluations rejetées à une température T) et *Nup* (nombre d'évaluations acceptées par le critère de Metropolis à une température T), on constate que l'un est l'image inverse de l'autre c'est-à-dire si l'un augmente l'autre diminue et vice versa. Vérifions bien sûr sur la figure, que la somme des trois facteurs est égale en chaque itération à la valeur *Totmov* qui est de 3200 dans ce cas.

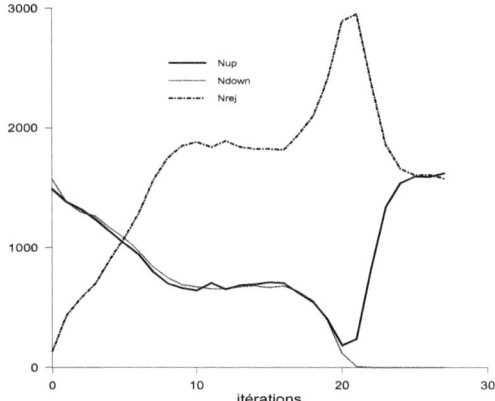

Figure 3.12 Variation de *Nup*, *Ndown* et *Nrej* en fonction du nombre d'itérations (IEEE 14 noeuds).

La figure 3.13 représente la variation de VM_2 (deuxième variable de contrôle) et VM_7 (la variable de contrôle n° 7) en fonction du nombre d'itérations dont VM_2 représente la longueur du pas du module de tension en un nœud générateur (nœud n° 2) tandis que VM_7 est la longueur du pas d'un rapport de transformateur régleur en charge (ligne liant les nœuds 4 et 9). On remarque bien que pour les deux cas, ces paramètres augmentent légèrement jusqu'à des valeurs maximales pour devenir pratiquement constantes durant des transitions de faibles températures (10^{-3} à 10^{-6}) et puis diminue au fur et à mesure que le nombre d'itérations augmente.

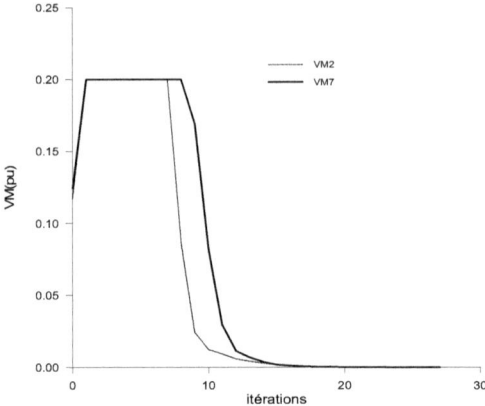

Figure 3.13 Variation de VM_2 et VM_7 en fonction du nombre d'itérations (IEEE 14 noeuds).

Les tableaux 3.3 et 3.4 résument les résultats obtenus pour les 8 variables de contrôle, avant et après optimisation, et ceci pour les différentes applications faites. Pour ce réseau de petite taille, nous pouvons remarquer que pratiquement toutes les métaheuristiques ont donné des résultats nettement meilleurs que ceux obtenus par la méthode classique (gradient réduit). Contrairement aux nouvelles techniques, la méthode du gradient n'a pas pu échapper du minimum local. D'autre part, on constate que les méthodes de recherche locale (recherche taboue et recuit simulé) ont donné des résultats meilleurs que ceux obtenus par les méthodes à population (excepté la stratégie évolutionnaire qui a donné le même résultat que celui obtenu par le recuit simulé).

Tableau 3.3 Amplitudes de tensions (*p.u.*) aux nœuds de contrôle et pertes actives avant et après optimisation (IEEE 14 noeuds: cas 1).

Nœuds	Avant optimisation	Après optimisation (*p.u.*)						
		Gradient	*AµG*	*AG*	*SE*	*OEP*	*RS*	*RT*
1*	1.0600	1.1000	1.0994	1.1000	1.1000	1.1000	1.1000	1.0999
2	1.0450	1.0673	1.0838	1.0877	1.0860	1.0837	1.0860	1.0851
3	1.0100	1.0119	1.0873	1.0586	1.0569	1.0575	1.0569	1.0558
6	1.0700	1.0722	1.0437	1.0914	1.0967	1.1000	1.0962	1.0854
8	1.0900	1.0900	1.1000	1.1000	1.0917	1.1000	1.0869	1.0869
$P_L(MW)$	13.637	12.803	12.422	12.284	12.278	12.284	12.278	12.261

*: Nœud balancier

Tableau 3.4 Rapports de transformation des régleurs en charge avant et après optimisation (IEEE 14 noeuds: cas 1).

Trans.	Avant optimisation	Après optimisation						
		Gradient	*AμG*	*AG*	*SE*	*OEP*	*RS*	*RT*
04-07	0.9780	0.9600	0.9667	0.9500	0.9432	0.9485	0.9426	0.9658
04-09	0.9690	0.9200	1.0187	0.9004	0.9000	0.9000	0.9000	0.9347
05-06	0.9320	0.9700	1.0265	0.9876	0.9794	0.9789	0.9793	0.9883

Le tableau 3.5 et l'histogramme représenté par la figure 3.14 montrent les temps d'exécution en secondes des différentes méthodes exécutées sur le même *PC* et dans les mêmes conditions. On constate bien sûr que le temps de calcul des méthodes classiques (la méthode de gradient réduit dans notre cas) est très petit comparativement à celui des métaheuristiques. D'un autre côté, il faut noter que le temps de calcul dans le cas des métaheuristiques dépend surtout du choix des paramètres de contrôle de chacune des méthodes.

On peut remarquer aussi que les temps de calcul les plus importants sont obtenus par les méthodes de voisinage qui sont dans notre cas le recuit simulé et la méthode de recherche taboue. Ceci peut être expliqué par le fait que ces deux méthodes ont été développées pour des problèmes à variables entières.

Pour les méthodes à population, on doit noter que la stratégie évolutionnaire a donné le meilleur résultat avec un temps de calcul meilleur comparativement à celui de l'*AG* et de l'*OEP*.

Tableau 3.5 Temps d'exécutions en secondes pour les différentes méthodes.

Gradient	*AμG*	*AG*	*SE*	*OEP*	*RS*	*RT*
< 1	2	9	5	21	32	85

Les tests sont faits dans une seconde étape pour les conditions limites suivantes sur les tensions et rapports de transformateurs en *p.u.* (per-unit):

$$0.95 \leq V_L \leq 1.05$$
$$0.95 \leq V_G \leq 1.06$$
$$0.95 \leq T \leq 1.05$$

Pour ce deuxième cas, les tableaux 3.6 et 3.7 résument les résultats obtenus pour les 8 variables de contrôle, avant et après optimisation, et ceci pour les différentes applications faites. D'une manière générale, les mêmes constatations peuvent être déduites que celles du premier cas seulement qu'il y'a une différence de *1MW* environ entre les valeurs des pertes actives des deux cas. Les pertes actives dans le deuxième cas sont moins réduites que celles du premier cas, ce qui peut être expliqué par le fait que les contraintes sur les variables de contrôle (V_G et T) ainsi que sur la tension aux noeuds de charge V_L (variable d'état) sont devenues plus sévères.

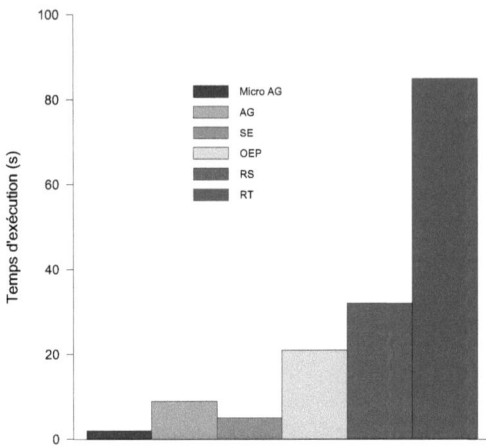

Figure 3.14 Temps d'exécutions en secondes pour les différentes méthodes.

Tableau 3.6 Amplitudes de tensions (*p.u.*) aux nœuds de contrôle et pertes actives avant et après optimisation (IEEE 14 nœuds : cas 2).

Nœuds	Avant optimisation	Après optimisation (*p.u*)						
		Gradient	*AµG*	*AG*	*SE*	*OEP*	*RS*	*RT*
1*	1.0600	1.0600	1.0600	1.0600	1.0600	1.0600	1.0600	1.0600
2	1.0450	1.0492	1.0439	1.0462	1.0464	1.0452	1.0464	1.0465
3	1.0100	1.0146	1.0105	1.0188	1.0167	1.0156	1.0163	1.0166
6	1.0700	1.0454	1.0414	1.0570	1.0597	1.0600	1.0407	1.0599
8	1.0900	1.0600	1.0546	1.0600	1.0600	1.0600	1.0600	1.0598
$P_L(MW)$	13.637	13.414	13.372	13.354	13.352	13.354	13.351	13.311

*: Nœud balancier

Tableau 3.7 Rapports de transformation des régleurs en charge avant et après optimisation (IEEE 14 nœuds : cas 2).

Trans.	Avant optimisation	Après optimisation						
		Gradient	*AµG*	*AG*	*SE*	*OEP*	*RS*	*RT*
04-07	0.9780	0.9660	0.9522	0.9500	0.9500	0.9500	0.9500	0.9685
04-09	0.9690	1.0100	0.9513	0.9518	0.9500	0.9500	0.9500	0.9506
05-06	0.9320	0.9830	1.0063	0.9967	0.9962	1.0002	0.9954	0.9980

3.4.2 Réseau modèle IEEE 57 noeuds

Le réseau test IEEE 57 nœuds étudié, présenté en annexe B.2, est constitué de 57 nœuds, 63 branches, 17 transformateurs et 6 nœuds sont contrôlables **[120]**. Ce réseau contient alors 24 variables de contrôle (y compris le nœud balancier). Les tests sont faits pour les conditions limites suivantes sur les tensions et rapports de transformateurs en *p.u.* (per-unit):

$$0.9 \leq V_G \leq 1.1$$

$$0.9 \leq V_L \leq 1.1$$

$$0.9 \leq T \leq 1.1$$

Pour le réseau modèle IEEE 57 nœuds (de grande taille) et après plusieurs tests, les paramètres de contrôle de toutes les métaheuristiques sont résumés dans le tableau 3.8. Le chromosome dans l'*AG* simple ainsi que l'*AµG* est représenté comme précédemment par 10 bits en code binaire. De même dans ce cas, la valeur du facteur de pondération α a été fixée à une valeur de 10.

Les tableaux 3.9 et 3.10 donnent les résultats obtenus pour les 24 variables de contrôle, avant et après optimisation, et ceci pour les différentes méthodes. Pour ce réseau de grande taille, les métaheuristiques ont donné des résultats absolument meilleurs que ceux obtenus par la méthode classique (gradient réduit). Aussi, les méthodes de recherche locale (recherche taboue et recuit simulé) ont montré leur robustesse et leur efficacité pour trouver des meilleurs optimums comparativement à ceux obtenus par les méthodes à population mais avec un temps de calcul beaucoup plus grand.

Tableau 3.8 Paramètres de contrôle des différentes métaheuristiques (Réseau IEEE 57 noeuds)

Métaheuristiques	Paramètres de contrôle
AµG	Ngén =300 ; Pc = 1 ; Tdiv = 0.05 ; Tpop = 5 ; Tcroi : uniforme
AG	Ngén=300 ; Pc = 0.5 ; Pm = 0.02 ; Tpop = 30 ; Tcroi : uniforme
SE(µ+λ)	Ngén=100 ; λ=100 ; µ=20 ; mut : auto-adaptative; rec : intermédiaire
OEP	Tpop =150 ; w_{max} =0.9 ; w_{min} =0.4 ; $C_1 = C_2$ =1.4 ; $iter_{max}$ =150
RS	T_0=0.4 ; RT=0.5 ; EPS=10^{-7} ; NS=2 ; NT=5 ; NEPS=6
RT	Ndiv = 11 ; L = 5 ; Imax = 30 ; M = 10

Tableau 3.9 Amplitudes de tensions (*p.u.*) aux nœuds de contrôle et pertes actives avant et après optimisation (IEEE 57 noeuds).

Nœuds	Avant optimisation	Après optimisation (*p.u.*)						
		Gradient	AµG	AG	SE	OEP	RS	RT
1*	1.0600	1.0800	1.1000	1.1000	1.1000	1.1000	1.1000	1.1000
2	1.0100	1.0669	1.0960	1.0942	1.0999	1.0918	1.0980	1.0979
3	0.9850	1.0220	1.0945	1.0960	1.0804	1.0873	1.0849	1.0795
6	0.9800	1.0200	1.0471	1.0261	1.0225	1.0763	1.0775	1.0510
8	1.0005	1.0357	1.0916	1.0992	1.1000	1.1000	1.0965	1.0957
9	0.9800	1.0200	1.0624	1.0956	1.0731	1.0685	1.0790	1.0248
12	1.0150	1.0234	1.0709	1.0745	1.0752	1.0744	1.0746	1.0732
P_L(*MW*)	27.72	25.94	23.01	22.63	22.38	22.49	22.07	22.28

*: Nœud balancier

Tableau 3.10 Rapports de transformation des régleurs en charge avant et après optimisation (IEEE 57 noeuds).

Trans.	Avant optimisation	Après optimisation						
		Gradient	*AµG*	*AG*	*SE*	*OEP*	*RS*	*RT*
04-18	0.9700	0.9587	0.9008	0.9622	0.9383	0.9607	1.0614	1.0170
04-18	0.9780	0.9587	0.9008	0.9622	0.9383	0.9607	1.0614	1.0170
07-29	0.9670	0.9790	1.0292	1.0251	0.9747	0.9744	0.9859	0.9847
09-55	0.9400	0.9624	1.0236	1.0296	0.9677	0.9672	0.9831	0.9756
10-51	0.9300	1.0000	0.9899	0.9759	0.9632	0.9668	0.9640	0.9623
11-41	0.9550	1.0000	0.9283	0.9497	0.9014	1.0679	0.9010	0.9004
11-43	0.9580	0.9698	1.0363	0.9497	0.9588	0.9519	0.9806	0.9699
13-49	0.8950	0.9084	0.9639	0.9323	0.9277	0.9261	0.9305	0.9290
14-46	0.9000	0.9581	0.9829	0.9540	0.9537	0.9589	0.9584	0.9549
15-45	0.9550	0.9414	0.9909	0.9680	0.9705	0.9699	0.9743	0.9709
21-20	1.0430	0.9710	1.0593	1.0924	1.0814	1.0900	1.0067	1.0075
24-25	1.0100	0.9981	1.0056	1.0159	0.9931	1.0991	1.0996	1.0343
24-25	1.0100	0.9981	1.0056	1.0159	0.9931	1.0991	1.0996	1.0343
24-26	1.0430	1.0118	1.0249	1.0629	1.0044	1.0072	1.0394	1.0407
34-32	0.9750	0.9970	0.9299	0.9405	0.9393	0.9313	0.9660	0.9639
39-57	0.9800	0.9757	1.0390	1.0052	0.9616	1.0059	0.9740	0.9729
40-56	0.9580	1.0142	0.9633	1.0198	0.9948	1.0962	1.0065	0.9967

Les figures 3.15, 3.16 et 3.17 représentent les variations des pertes actives en fonction du nombre de générations (ou itérations) pour les méthodes à population (respectivement *AG* + *AµG*, *SE* et *OEP*).

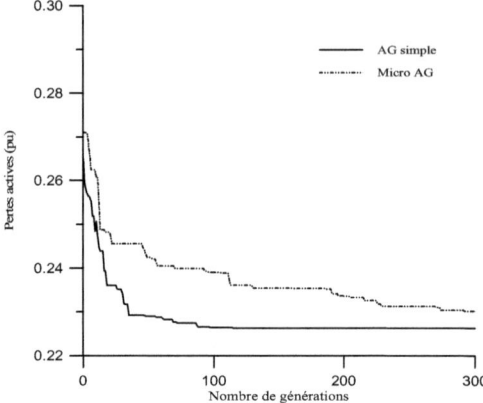

Figure 3.15 Variation des pertes actives en fonction du nombre de générations dans le cas de l'*AG* et l'*AµG* (IEEE 57 nœuds).

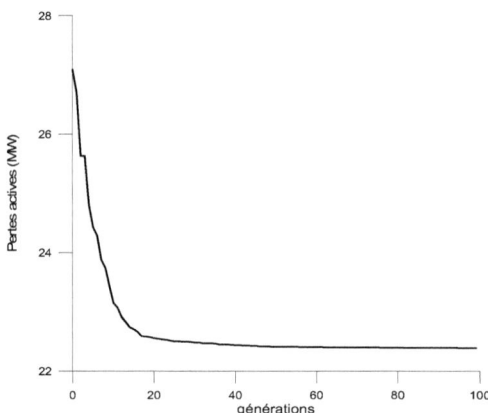

Figure 3.16 Variation des pertes actives en fonction du nombre d'itérations dans le cas de la *SE* (IEEE 57 nœuds).

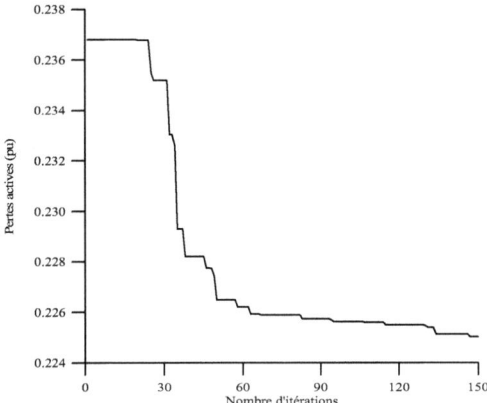

Figure 3.17 Variation des pertes actives en fonction du nombre d'itérations dans le cas de l'*OEP* (IEEE 57 nœuds).

Les figures 3.18 et 3.19 montrent les variations des pertes actives en fonction du nombre de diversifications (ou itérations) pour les méthodes à recherche locale (respectivement *RT et RS*).

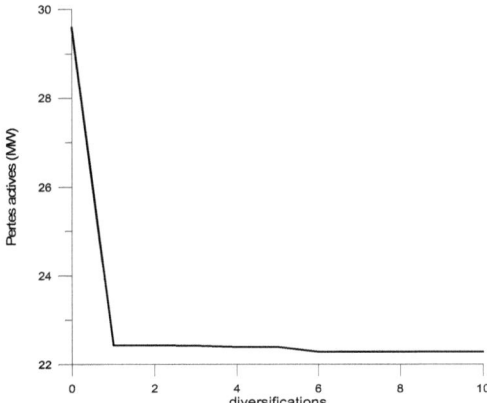

Figure 3.18 Variation des pertes actives en fonction du nombre de diversifications dans le cas de la *RT* (IEEE 57 noeuds).

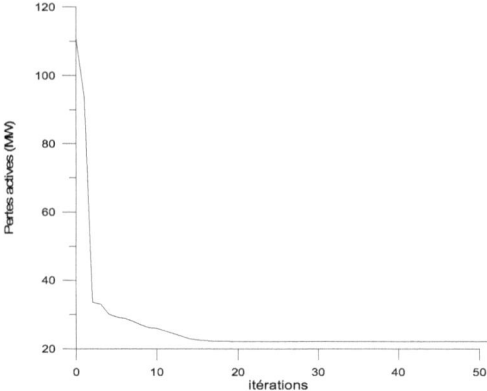

Figure 3.19 Variation des pertes actives en fonction du nombre d'itérations dans le cas du *RS* (IEEE 57 noeuds).

La figure 3.20 montre la variation de *Nup*, *Ndown*, *Nrej* en fonction du nombre d'itérations pour le réseau 57 noeuds. Pour ce réseau de grande taille, les mêmes remarques peuvent être tirées que précédemment seulement le nombre de mouvement total *Totmov* à chaque itération a été fixé à 240 (en attribuant des petites valeurs pour *NS* et *NT*) et ceci pour diminuer le temps d'exécution **[112]**.

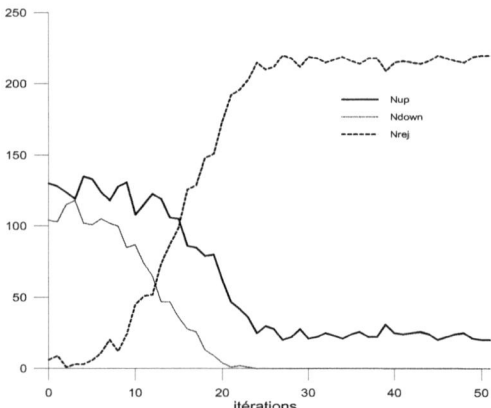

Figure 3.20 Variation de *Nup*, *Ndown* et *Nrej* en fonction du nombre d'itérations (IEEE 57 noeuds).

La figure 3.21 montre la variation de VM_1 (première variable de contrôle) et VM_{22} (la variable de contrôle n° 22) en fonction du nombre d'itérations dont VM_1 représente la longueur du pas du module de tension en un nœud générateur (nœud balancier) tandis que VM_{22} est la longueur du pas d'un rapport de transformateur régleur en charge (ligne liant les nœuds 40 et 56). On remarque bien que pour les deux cas, ces paramètres augmentent légèrement jusqu à des valeurs maximales puis diminue au fur et à mesure que le nombre d'itérations augmente. Les sommets sont obtenus également durant les transitions de faibles températures.

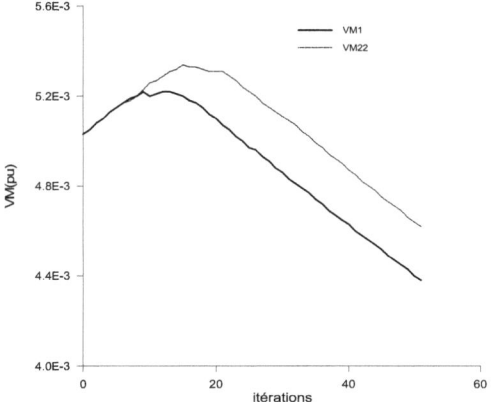

Figure 3.21 Variation de VM_1 et VM_{22} en fonction du nombre d'itérations (IEEE 57 noeuds).

La figure 3.22 représente les amplitudes de tensions aux nœuds de charge (variables d'état dans notre cas). Nous pouvons facilement voir à travers la figure que ces valeurs d'amplitudes de tensions ne dépassent pas les limites permises spécifiées. On peut constaté alors que le compromis pertes actives- profil de tensions (amplitudes de tension) est respecté.

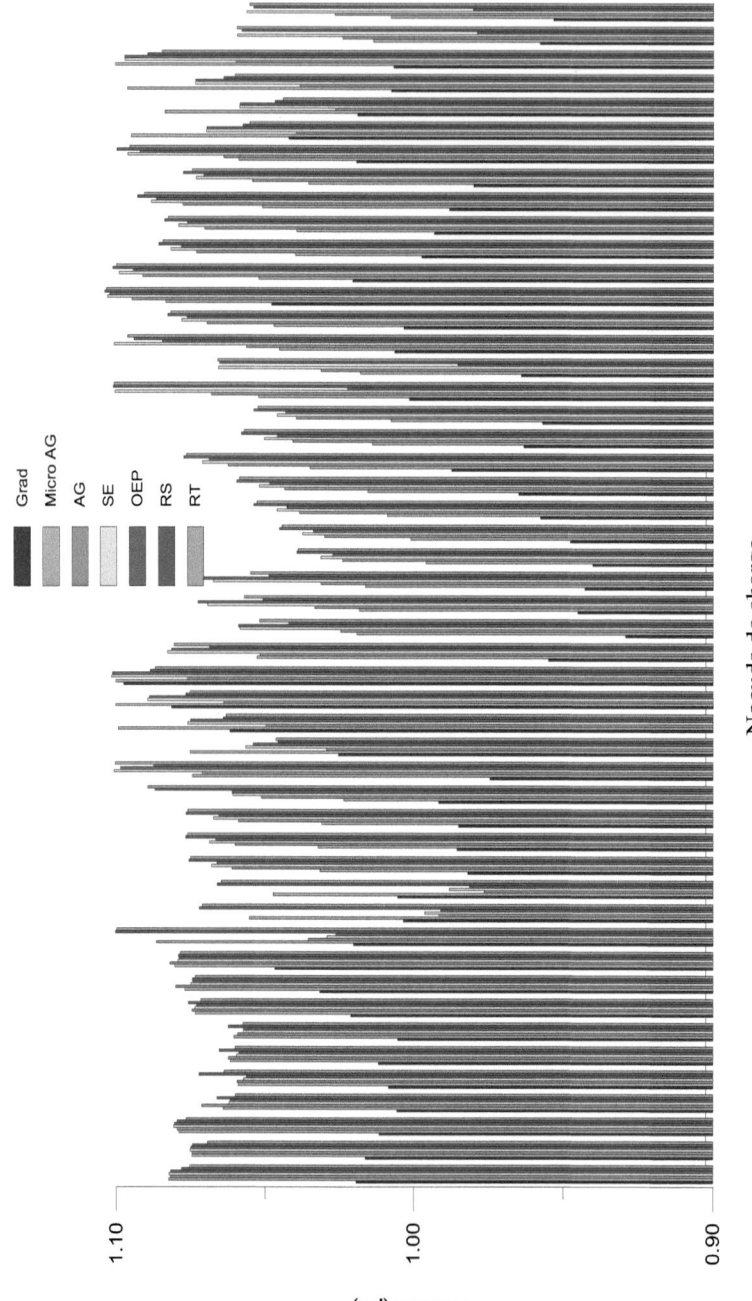

Figure 3.22 Amplitudes de tensions aux nœuds de charge après optimisation (IEEE 57 nœuds)

3.4.3 Réseau Algérien 114 noeuds

Le réseau Algérien (HT et THT) étudié contient 114 nœuds (voir annexe B.3). Les différents niveaux de tension sont 220 kV, 150 kV, 90 kV et 60 kV. Ce réseau est constitué de 159 branches, 16 transformateurs régleurs en charge et 15 nœuds générateurs [113]. La taille du problème d'optimisation est caractérisée alors par 31 variables de contrôle (y compris le nœud balancier), respectant leurs limites supérieures et inférieures, et 226 contraintes d'égalités sur les variables d'états (dépendantes). Les tests sont faits pour les conditions limites suivantes sur les tensions et rapports de transformateurs en *p.u.* (per-unit):

$$0.9 \leq V_G \leq 1.1 \ ; \ 0.9 \leq V_L \leq 1.1 \ ; \ 0.9 \leq T \leq 1.1$$

Pour ce réseau réel de grande taille et après plusieurs tests, les paramètres de contrôle de toutes les métaheuristiques sont récapitulés dans le tableau 3.11. De même, le nombre de bits est de 10 pour chaque chromosome dans l'*AG* et l'*AµG* ainsi que la valeur 10 est attribuée au facteur de pondération α qui caractérise la sévérité de la pénalité.

Les résultats de simulation sont comparés à ceux trouvés par la méthode du gradient réduit.

Tableau 3.11 Paramètres de contrôle des différentes métaheuristiques (Réseau Algérien 114 noeuds).

Métaheuristiques	Paramètres de contrôle
AµG	*Ngén* =1000 ; *Pc* = 1 ; *Tdiv* = 0.05 ; *Tpop* = 5 ; *Tcroi* : *uniforme*
AG	*Ngén*=300 ; *Pc* = 0.5 ; *Pm* = 0.02 ; *Tpop* = 30 ; *Tcroi* : *uniforme*
SE(µ+λ)	*Ngén*=100 ; λ=100 ; µ=20 ; *mut* : *auto-adaptative*; *rec* : *intermédiaire*
OEP	*Tpop* =150 ; w_{max} =0.9 ; w_{min} =0.4 ; $C_1 = C_2$ =1.5 ; $iter_{max}$ =150
RS	T_0=0.4 ; RT=0.5 ; EPS=10^{-6} ; NS=10; NT=10 ; NEPS=4
RT	*Ndiv* = 11 ; L = 10 ; *Imax* = 20 ; M = 10

Les tableaux 3.12 et 3.13 résument respectivement les résultats obtenus des modules des tensions aux nœuds générateurs et les rapports des régleurs en charge, en appliquant les différentes métaheuristiques. On confirme à travers cette application sur ce réseau réel la supériorité de ces nouvelles techniques à optimiser des problèmes de grande taille comparativement aux méthodes classiques (gradient réduit) qui n'arrivent pas souvent à échapper du minimum local. Les résultats témoignent aussi, l'efficacité des méthodes de recherche locale

(RS et RT) à trouver des résultats absolument meilleurs que ceux obtenus par les méthodes à population (AG, AµG, SE et OEP).

En analysant les résultats des applications sur les différents réseaux, la stratégie évolutionnaire a obtenu toujours le meilleur résultat relativement à ceux des autres méthodes à population **[125]**.

Tableau 3.12 Amplitudes de tensions (*p.u.*) aux nœuds de contrôle et pertes actives avant et après optimisation (Réseau Algérien 114 nœuds).

Nœuds	Avant optimisation	Après optimisation (*p.u.*)					
		Gradient	**AµG**	**AG**	**SE**	**OEP**	**RS**	**RT**
1*	1.0900	1.0800	1.0619	1.0519	1.0564	1.0563	1.0601	1.0913
5	1.0500	1.0591	1.0500	1.0994	1.0774	1.0703	1.0580	1.0766
11	1.0500	1.0650	1.0343	1.0346	1.0394	1.0004	1.0331	1.0872
15	1.0400	1.0414	1.0374	1.0816	1.0437	1.0472	1.0479	1.0009
17	1.0800	1.0886	1.0775	1.0900	1.0991	1.0955	1.0973	1.0707
19	10300	1.0241	1.0994	1.0955	1.0974	1.1000	1.0905	1.0470
22	1.0400	1.0423	1.0955	1.0963	1.0880	1.0996	1.0973	1.0575
52	1.0500	1.0240	0.9725	1.0867	1.0970	1.1000	1.0977	1.1000
80	1.0800	1.0307	1.0736	1.0869	1.0992	1.0623	1.0923	1.0999
83	1.0500	1.0587	1.0828	1.0984	1.0999	1.0887	1.0999	1.1000
98	1.0500	1.0750	1.0697	1.0431	1.0902	1.0230	1.0999	1.0993
100	1.0800	1.0762	1.0932	1.0939	1.0655	1.1000	1.1000	1.0996
101	1.0800	1.0786	1.0889	1.0951	1.1000	1.0988	1.0999	1.1000
109	1.0500	1.0515	1.0930	1.0928	1.1000	1.1000	1.1000	1.0999
111	1.0200	1.0212	1.0734	1.0848	1.0997	1.0919	1.0987	1.0998
P$_L$(MW)	**64.55**	**63.63**	**58.76**	**57.25**	**56.08**	**56.35**	**55.59**	**55.72**

*: Nœud balancier

Tableau 3.13 Rapports de transformation des régleurs en charge avant et après optimisation (Réseau Algérien 114 nœuds).

Trans.	Avant compensation	Après optimisation						
		Gradient	*AµG*	*AG*	*SE*	*OEP*	*RS*	*RT*
18-17	1.0300	0.9800	1.0527	1.0347	1.0471	1.0441	1.0385	1.0514
21-20	1.0300	0.9900	0.9661	1.0140	0.9888	0.9902	0.9927	0.9881
27-26	1.0300	0.9700	0.9184	0.9219	0.9311	0.9227	0.9549	0.9272
28-26	1.0300	0.9200	1.0005	0.9731	0.9837	1.0004	1.0010	0.9877
31-30	1.0300	0.9300	0.9747	0.9727	0.9688	0.9721	0.9722	0.9638
42-41	1.0300	0.9600	0.9512	0.9248	0.9319	0.9210	0.9354	0.9409
44-43	1.0300	0.9300	0.9434	0.9360	0.9322	0.9332	0.9347	0.9190
48-47	1.0300	0.9700	1.0116	0.9575	0.9734	0.9631	0.9753	0.9773
58-57	1.0300	0.9200	0.9237	0.9154	0.9255	0.9299	0.9261	0.9086
60-59	1.0300	1.0300	0.9653	0.9649	0.9580	0.9659	0.9628	0.9479
64-63	1.0300	0.9300	0.9119	0.9463	0.9359	0.9360	0.9346	0.9151
72-71	0.9200	0.9400	0.9872	0.9479	0.9501	0.9486	0.9493	0.9341
74-76	1.0300	1.0900	1.0949	0.9485	1.0274	1.0940	0.9909	0.9032
80-88	0.9800	0.9300	0.9602	0.9538	0.9093	0.9330	0.9295	0.9117
81-90	0.9500	0.9300	0.9135	0.9285	0.9101	0.9376	0.9142	0.9001
86-93	1.0300	0.9500	0.9547	0.9360	0.9245	0.9459	0.9278	0.9007

La figure 3.23 représente un échantillon des modules des tensions aux nœuds de charge après optimisation (pour raison d'espace). Cependant, ce choix est très représentatif, puisque les plus mauvaises valeurs sont montrées sur la figure. Nous pouvons facilement déduire que même ces valeurs critiques ne dépassent pas les limites permises.

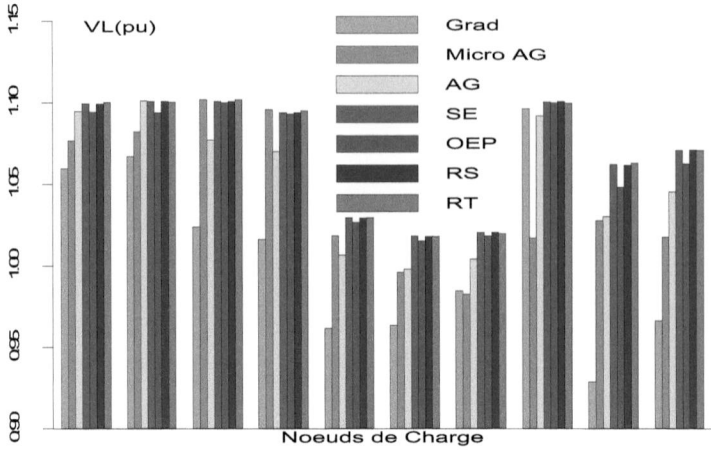

Figure 3.23 Echantillon d'amplitudes de tensions aux nœuds de charge après optimisation (Réseau Algérien 114 nœuds).

Les évolutions des pertes actives en fonction du nombre de générations (ou itérations) pour les méthodes à population sont données dans les figures 3.24, 3.25, 3.26 et 3.27 correspondant respectivement à l'algorithme génétique, l'algorithme micro génétique, la stratégie évolutionnaire, et l'optimisation par essaim de particules. Vu que la taille de la population est plus petite dans le cas de l'$A\mu G$, le nombre de générations est alors plus grand que celui de l'AG pour atteindre le minimum global.

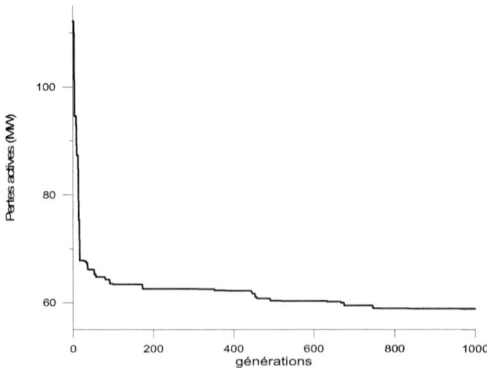

Figure 3.24 Variation des pertes actives en fonction du nombre de générations dans le cas de l'$A\mu G$ (Réseau Algérien 114 nœuds).

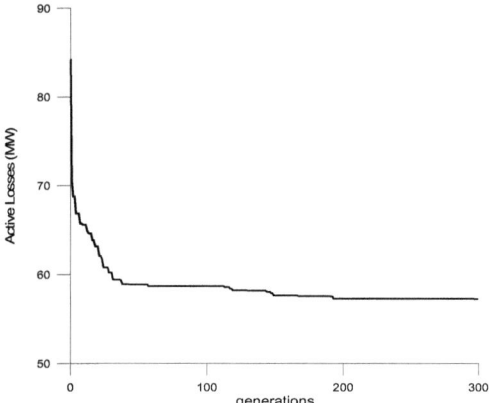

Figure 3.25 Variation des pertes actives en fonction du nombre de générations dans le cas de l'*AG* (Réseau Algérien 114 nœuds).

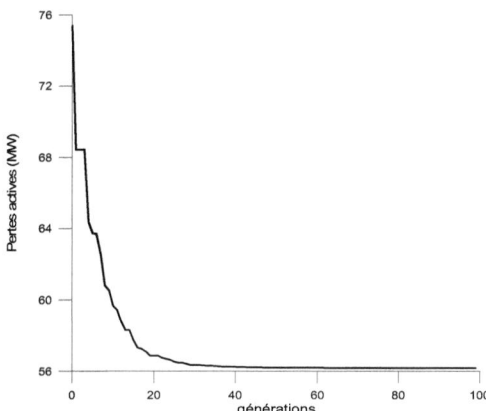

Figure 3.26 Variation des pertes actives en fonction du nombre d'itérations dans le cas de la *SE* (Réseau Algérien 114 nœuds).

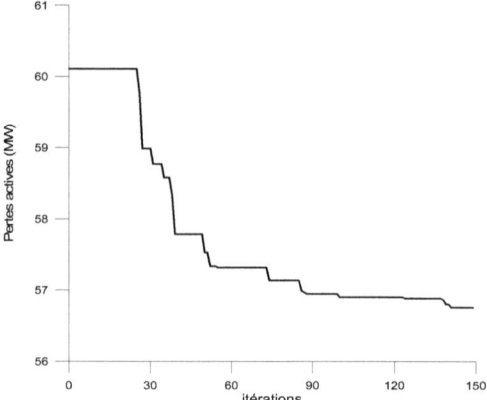

Figure 3.27 Variation des pertes actives en fonction du nombre d'itérations dans le cas de l'*OEP* (Réseau Algérien 114 nœuds).

Les figures 3.28 et 3.29 montrent les évolutions des pertes actives en fonction du nombre de diversifications et d'itérations pour les méthodes à recherche locale, respectivement la recherche taboue et le recuit simulé appliqués au réseau Algérien 114 nœuds ayant 31 variables de contrôle.

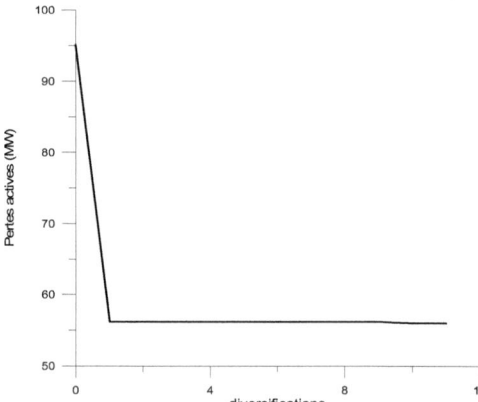

Figure 3.28 Variation des pertes actives en fonction du nombre de diversifications dans le cas du *RT* (Réseau Algérien 114 nœuds).

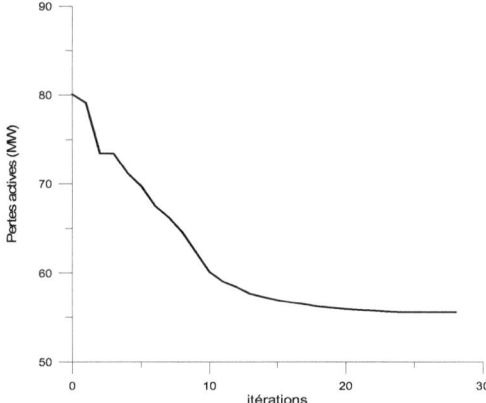

Figure 3.29 Variation des pertes actives en fonction du nombre d'itérations dans le cas du RS (Réseau Algérien 114 nœuds).

L'histogramme la figure 3.30 illustre les temps d'exécution en secondes des différentes méthodes appliquées sur le réseau Algérien 114 noeuds. Pratiquement, les constatations sont similaires que celles faites pour le réseau 14 nœuds (réseau de petite taille). En plus, on déduit aussi que plus la taille du réseau augmente plus le temps de calcul augmente. Les temps de calcul les plus grands sont obtenus pour les méthodes de voisinage (RS et RT), ce qui confirme les déductions précédentes.

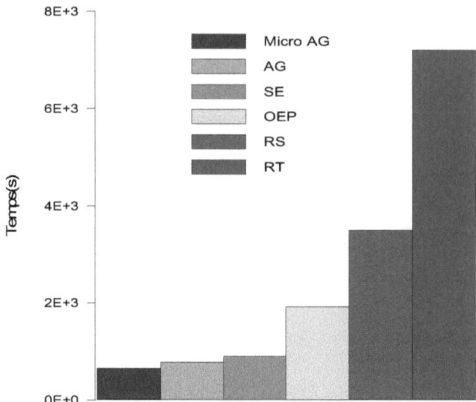

Figure 3.30 Temps de calcul des différentes métaheuristiques (Réseau Algérien 114 nœuds).

3.5 Discussion des résultats

Sur la base des résultats obtenus pour les deux réseaux modèles (IEEE 14 nœuds et IEEE 57 nœuds) ainsi que le réseau Algérien (114 nœuds), il se dégage d'abord clairement que le compromis pertes actives - profil de tensions (amplitudes de tension) est respecté en faisant un choix judicieux du facteur de pénalisation et ceci pour toutes les méthodes conventionnelles ou métaheuristiques.

D'autre part, si on s'intéresse uniquement à la fonction objectif qui est la minimisation des pertes actives, nos résultats montrent que :

➢ les pertes obtenues par les métaheuristiques à parcours (*RS* et *RT*) sont meilleures que celles obtenues par les métaheuristiques à population (*AµG, AG, SE* et *OEP*), ce qui confirme les résultats généralement trouvés dans la littérature,

➢ pour les métaheuristiques à population, la stratégie évolutionnaire a donné de meilleurs résultats que les algorithmes génétiques et l'optimisation par essaim de particules.

➢ le temps de calcul augmente avec la dimension du problème d'optimisation c'est-à-dire la taille du réseau étudié et le nombre de variables de contrôle à traiter,

➢ le temps d'exécution des métaheuristiques à parcours (conçues généralement pour les problèmes d'optimisation à variables discrètes) est grand comparativement à celui des métaheuristiques à population.

Il est cependant difficile de faire des comparaisons en termes de vitesse de convergence par rapport au nombre de générations, car cela dépend de la méthodologie de chacune des techniques et de l'optimisation des paramètres qui interviennent.

Nous devons également préciser que l'étude comparative appliquée à l'écoulement optimal de puissance réactive a été limitée aux méthodes métaheuristiques de base. Il est encore possible d'améliorer tous les résultats trouvés par une meilleure investigation dans les processus de chacune des techniques citées ci-dessus.

Cependant en termes de temps de calcul, il est à noter que les méthodes conventionnelles soient beaucoup plus rapides. Mais notre problème n'est pas impliqué dans le calcul en temps réel puisque dans notre cas l'*ORPF* est traité dans le cadre d'un problème de planification de l'énergie réactive dans un réseau électrique.

En plus, il faut noter que la fréquence de l'exécution d'un programme d'*ORPF* dans les centres de conduite peut varier de plusieurs minutes à quelques heures. Ceci dépend de quelques facteurs importants, tels que la variation du profil de charge, des violations des contraintes, de l'importance de la réduction des pertes de puissance et/ou de maintenir un profil approprié de tension, ainsi que de la philosophie d'exploitation dictée par l'entreprise de service. Il est également possible que différentes variables de contrôle puissent être ajustées à différentes fréquences.

3.6 Conclusion

Dans ce chapitre, nous avons présenté la formulation ainsi que la méthodologie utilisée pour résoudre le sous-problème de fonctionnement qui est en fait un écoulement optimal de puissance réactive (*ORPF*). Pour évaluer la fonction objectif qui représente les pertes ohmiques dans un réseau électrique, on a fait appel à la méthode d'écoulement de puissance découplée rapide (*FDL*).

Pour résoudre ce problème d'optimisation non linéaire (*ORPF*), les différentes techniques métaheuristiques (à population et à parcours) déjà détaillées auparavant ont été utilisées. Pour valider les programmes élaborés, des applications sur les réseaux modèles IEEE 14 et 57 nœuds ainsi que sur le réseau Algérien ont été faites. Les résultats ont été comparés à ceux obtenus dans des travaux antécédents par la méthode du gradient réduit et ce pour montrer les avantages de ces nouvelles techniques.

D'après l'analyse des résultats, on a constaté que les méthodes à parcours (de voisinage) présentent un avantage certain par rapport aux méthodes à population au niveau des résultats pratiques comme une diminution des valeurs des pertes actives tout en respectant le plan des tensions dans les limites des marges admises. Cependant, les temps de calcul des métaheuristiques à parcours sont plus longs. C'est pour cette raison qu'on va proposer à utiliser des méthodes de voisinage pour la résolution du sous problème d'investissement dont les variables sont dans la réalité des variables discrètes et la taille du sous problème est beaucoup plus petite que celle du sous problème de fonctionnement.

On peut passer maintenant au détail du sous-problème d'investissement, ce qui fait l'objet du chapitre suivant.

Chapitre 4
L'ORPP en régime d'incidents

4.1 Introduction

La formulation mathématique du deuxième niveau du programme vue précédemment dans le premier chapitre, qui représente le sous-problème d'investissement, nous permet de constater que la fonction objectif est mixte non-linéaire entière et les contraintes sont linéaires. Pour résoudre un tel problème, des méthodes de programmation non linéaire doivent être utilisées. Puisque dans le travail que nous menons on s'intéresse à l'application des méthodes métaheuristiques au problème de planification d'énergie réactive alors quelques métaheuristiques déjà développées précédemment seront appliquées au sous-problème d'investissement.

Dans ce chapitre, le choix des métaheuristiques pour chacun des deux niveaux du problème global de planification de l'énergie réactive sera discuté. Les critères choisis pour sélectionner les nœuds candidats et le choix du facteur de pondération ϱ seront détaillés.

La planification de l'énergie réactive doit assurer le bon fonctionnement et la continuité du système d'énergie électrique lorsqu'il est surchargé ou face à un ensemble d'incidents. Les différents niveaux de charge ainsi que les types d'incidents maintenus dans notre étude seront longuement exposés.

4.2 Méthodologie de résolution

Rappelons aussi que la taille de ce sous-problème d'expansion optimale des nouveaux moyens d'énergie réactive est définie principalement par le nombre de nœuds candidats à la nouvelle expansion. Cette taille est alors relativement petite par rapport à la taille du sous problème de fonctionnement. Ainsi et sur la base des discussions des résultats du sous-problème de fonctionnement, nous avons décidé pour la résolution du problème global de planification d'énergie réactive de faire :

- Réserver les métaheuristiques à population qui sont dans notre cas les algorithmes génétiques, la stratégie d'évolution, l'optimisation par essaim de particules à la résolution du sous-problème de fonctionnement.

- Appliquer les métaheuristiques à parcours : le recuit simulé et la recherche taboue au sous-problème d'investissement.

La figure 4.1 illustre alors la méthodologie proposée pour la résolution du problème de l'ORPP.

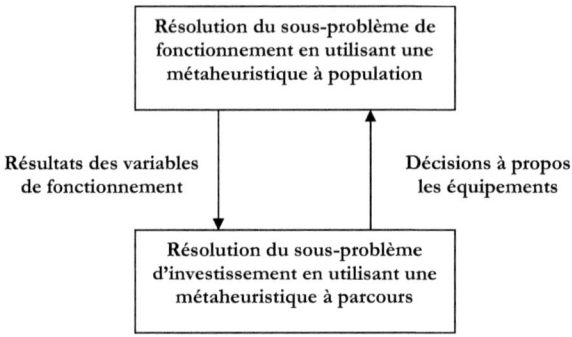

Figure 4.1 Méthodologie de résolution

En effet, ce choix peut être justifié en regardant le problème traité de plusieurs angles. Certes, la nature et la taille du sous-problème d'investissement ont une part de ce choix mais aussi l'importance primordiale de la solution du deuxième niveau du problème (sous-problème d'investissement) dans la solution du problème global et l'efficacité des métaheuristiques à parcours nous ont incité à faire ce choix. Ce choix nous permet ainsi d'aboutir à des résultats meilleurs du problème global dans un temps acceptable.

Il faut noter que les variables de décision (variables d'expansion) peuvent varier de manière continue ou entière selon la modélisation choisie. Dans notre cas, nous nous sommes limités à la modélisation continue vu que nos programmes de base du recuit simulé et de la recherche taboue ont été développés pour des variables continues.

4.3 Choix des noeuds candidats [1]

Pour plusieurs raisons telles que des jugements techniques, le coût élevé d'investissement et de maintenance (dû à des facteurs climatiques), beaucoup de noeuds sont exclus de la liste de candidature. L'ensemble des noeuds candidats doit être donc relativement petit par rapport au nombre total des noeuds. Par exemple pour un réseau de 100 noeuds, l'ensemble des noeuds candidats ne dépasse pas 5 à 10 noeuds.

Le choix des noeuds candidats est une étape critique pour la convergence du programme global en régime normal ou en régime d'incidents de fonctionnement. Un mauvais choix des noeuds candidats peut ne pas donner du tout une solution comme il peut donner une solution non attractive et donc inacceptable en pratique.

Probablement l'avantage majeur de l'application des méthodes classiques aux problèmes des réseaux d'énergie électrique par rapport aux méthodes métaheuristiques est le recueil d'informations d'intérêt économique et technique uniquement en analysant quelques coefficients utilisés lors du processus d'optimisation. En particulier, en analysant les facteurs de Lagrange liés à chaque contrainte, on peut prouver qu'ils peuvent être interprétés comme des coûts marginaux liés à la contrainte rencontrée.

C'est pour cette raison que nous avons choisi un critère pour la sélection des noeuds candidats se basant sur les valeurs des coefficients de Lagrange, obtenues à partir du sous-problème de fonctionnement, associées aux différents noeuds.

Pour pouvoir déterminer ces coefficients, on doit faire appel à une méthode classique. Contrairement aux métaheuristiques, les méthodes conventionnelles exigent en général le modèle complet du système pour pouvoir effectuer une optimisation globale et elles utilisent la première et la deuxième dérivée de la fonction objectif et de ses contraintes comme direction de recherche.

Les formulations adoptées de la fonction objectif et des contraintes seront détaillées dans ce qui suit.

4.3.1 Formulation adoptée au sous-problème de fonctionnement

Pour contourner les difficultés de calcul associées au problème non linéaire d'écoulement de puissance [23,42], une méthode itérative a été utilisée [126]. Après la résolution des équations complètes d'écoulement de puissance, une optimisation découplée du problème avec des contraintes linéaires est effectuée, les variables $P\text{-}\theta$ étant considérées comme des constantes et les équations non linéaires reliant les variables Q/V linéarisées. La solution de l'optimisation Q/V est maintenant traitée avec l'écoulement de puissance découplé. Les deux algorithmes sont répétés jusqu'à convergence (figure 4.2).

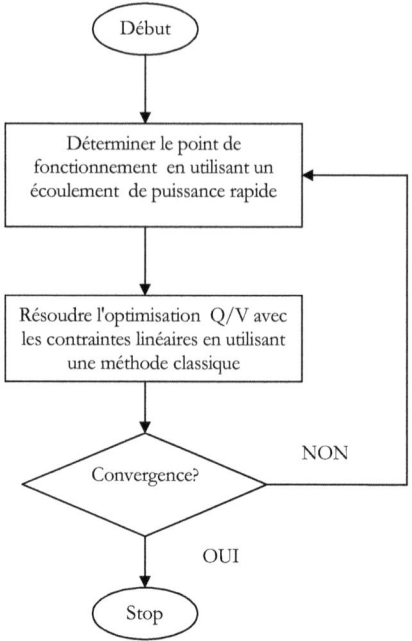

Figure 4.2 Problème d'optimisation **Q/V**

La formulation de l'optimisation **Q/V** est donnée par [23] :

$$\min_{z} F(z) \qquad (4.1)$$

sujet à :

$$\begin{bmatrix} B_{gg} & B_{gl} & B_{gn} \\ B_{lg} & B_{ll} & B_{ln} \end{bmatrix} \begin{bmatrix} V_G - V_{G0} \\ V_L - V_{L0} \\ T - T_0 \end{bmatrix} - \begin{bmatrix} (I_{qc} - I_{qc0})/V_{G0} \\ 0 \end{bmatrix} + \begin{bmatrix} (I_{qr} - I_{qr0})/V_{G0} \\ 0 \end{bmatrix} \leq \begin{bmatrix} (Q_{Gmax} - Q_{G0})/V_{G0} \\ 0 \end{bmatrix} \qquad (4.2)$$

$$\begin{bmatrix} (Q_{Gmin} - Q_{G0})/V_{G0} \\ 0 \end{bmatrix} \leq$$

$$V_{Gmin} \leq V_G \leq V_{Gmax}$$
$$V_{Lmin} \leq V_L \leq V_{Lmax}$$
$$T_{min} \leq T \leq T_{max} \quad (4.3)$$
$$I_{qc} \geq 0, \ I_{qr} \geq 0$$

Le premier sous-ensemble des lignes dans les inégalités (4.3) correspond aux noeuds contrôlables et le second sous-ensemble aux noeuds de charge.

L'indice G est lié aux noeuds contrôlables définis pour les noeuds ayant des sources d'énergie réactive (condensateur synchrone, compensateur statique...). L'indice θ représente les valeurs des variables issues du calcul d'écoulement de puissance. B est une matrice de sensitivité creuse détaillée dans le chapitre précédent.

$F(Z)$ représente une bonne approximation découplée de la formule des pertes actives exactes, exprimées uniquement en fonction des modules des tensions nodales et définies par l'expression suivante [23] :

$$F(Z) = P_L(V_G, V) = \sum_{ij} R_{ij} \frac{P_{ij0}^2 + Q_{ij}^2}{(V_i + V_j)^2 / 2} - \sum_{ij} R_{ij}(P_{ij0}^2 + Q_{ij}^2)(3 - V_i - V_j) \quad (4.4)$$

$$avec \quad Q_{ij} = \frac{V_i - V_j - R_{ij} P_{ij0}}{X_{ij}}$$

où V_i, V_j :   modules des tensions aux noeuds i et j respectivement,
   R_{ij}, X_{ij} :   résistance et réactance de la ligne ij,
   Q_{ij} :   puissance réactive de transit,
   P_{ij0} :   puissance active moyenne de transit, obtenue à partir de l'écoulement de puissance précédent.

La méthode de résolution utilisée pour résoudre ce problème non linéaire est celle du gradient réduit (pour plus de détail voir annexe A).

4.3.2 Interprétation des facteurs de Lagrange [127]

Les facteurs de Lagrange ont un sens physique très important. Ces facteurs mesurent la sensibilité de la fonction objectif par rapport aux contraintes égalités. Pour voir ceci, considérons le problème d'optimisation suivant impliquant seulement une seule contrainte égalité:

$$Minimiser \ f(X) \quad (4.5)$$

sujet à :

$$\tilde{g}(x) = b \ \ ou \ \ g(x) = b - \tilde{g}(x) = 0 \qquad (4.6)$$

où **b** est une constante. La contrainte est écrite comme $g(x) = b - \tilde{g}(x)$ par commodité.

Les conditions nécessaires pour avoir un minimum sont les suivantes:

$$\frac{\partial f}{\partial x_i} + \lambda \frac{\partial g}{\partial x_i} = 0; \ \ i = 1, 2, ..., n \qquad (4.7)$$

et

$$g = 0 \qquad (4.8)$$

Supposons que les solutions des équations (4.7) et (4.8) sont X^*, λ^* et $f^* = f(X^*)$. Si on veut trouver l'effet d'une petite variation de **b** sur la solution optimale f^*, on peut démontré facilement :

$$df^* = \lambda^* . db \qquad (4.9)$$

Ceci montre que λ^* représente la variation marginale ou incrémentale dans f^* par rapport à **b**. Dans un autre sens, λ^* indique à quel point la contrainte est liée au point optimal. Dépendamment de sa valeur (positive, négative ou nulle), le sens physique suivant peut être attribué à la valeur de λ^*.

Cas (i): $\lambda^* > 0$

Dans ce cas, une diminution unitaire dans **b** est positivement évaluée puisqu'elle donne une valeur plus petite au minimum de la fonction objectif. En fait, la diminution dans f^* sera exactement égale à λ^* puisque $df^* = \lambda^*(-1) = -\lambda^* < 0$. Par conséquent, lorsque la contrainte est astreinte, λ^* peut être interprétée comme un gain marginal (réduction supplémentaire) dans f^*. D'autre part, si **b** est augmentée d'une unité, alors f augmente à un autre niveau optimal, tel que le taux d'augmentation dans f^* est déterminé par le module de λ^* puisque $df = \lambda^*(+1) = \lambda^* > 0$. Dans ce cas, λ^* peut être interprété comme un coût marginal (augmentation) dans f^* dû à la détente de la contrainte.

Cas (ii): $\lambda^* < 0$

Dans ce cas, une augmentation unitaire dans **b** est positivement évaluée car ceci permet la diminution de la valeur optimale de f. Le gain marginal (réduction) dans f^* dû à la détente de la contrainte d'une unité est déterminé par la valeur λ^* comme $df^* = \lambda^*(+1) = \lambda^* < 0$. Lorsqu'on astreint la contrainte, en diminuant la valeur de **b**, le coût marginal (augmentation) dans f^* devient $df^* = \lambda^*(-1) = -\lambda^* > 0$ puisque la valeur minimale de la fonction objectif augmente.

Cas (iii): $\lambda^* = 0$

Dans ce cas, le changement dans la valeur de *b* n'a absolument aucun effet sur la valeur optimale de *f*. Cela signifie que l'optimisation de *f* sujet à *g=0* conduit à la même valeur optimale X^* que celle obtenue dans l'optimisation de *f* seule.

Dans notre programme, nous avons supposé que les noeuds qui peuvent être sélectionnés dans l'ensemble des noeuds candidats sont seulement les noeuds de charge où n'existent pas de sources d'énergie réactive. En se donnant alors un nombre de noeuds candidats en fonction de la taille du réseau et après avoir calculé les coefficients de Lagrange, le programme décide les différents noeuds candidats en faisant un classement dans l'ordre décroissant des modules de ces coefficients normalisés. Ceci peut être justifié d'après les interprétations antécédentes par le fait que ces coefficients de Lagrange représentent la variation marginale ou incrémentale de la fonction objectif à l'optimum par rapport aux contraintes égalités liées à l'énergie réactive dans notre cas. Dans un autre sens, ces coefficients indiquent à quel point les contraintes sont liées au point optimal.

Après avoir déterminé les variables d'expansion en déterminant les noeuds candidats à l'expansion et pour définir tous les paramètres du sous-problème d'investissement, il reste à discuter le choix du facteur de pondération. Cette discussion sera soulevée dans le paragraphe suivant.

4.4 Choix du facteur de pondération [1]

Le facteur de pondération ρ, défini auparavant, est un facteur ayant pour rôle de convertir les pertes actives aux mêmes coûts unitaires que le coût d'investissement tout en gardant la valeur des pertes petite. Il est juste de signaler que la valeur attribuée au scalaire ρ, facteur de pondération, est d'habitude un peu grande par rapport aux coûts unitaires des sources capacitives et inductives. Dans une situation d'urgence, l'intérêt essentiel est de sauvegarder la viabilité du système, ce qui revient à réduire toutes les violations à zéro (c'est-à-dire toutes les contraintes de sécurités doivent être respectées).

L'expansion de la disponibilité quantitative et qualitative en énergie réactive vise à prévoir suffisamment de sources d'énergie réactive pour maintenir l'intégrité du système d'énergie électrique. Ceci est achevé par le choix d'une grande valeur de ρ. Quand ρ augmente, $F(z)$ tend à être petite à l'optimum. Remarquons qu'une très grande valeur de ρ aboutit à une conservation des moyens de compensation, et demeure donc très coûteuse. D'autre part, une petite valeur de ρ tend à aboutir à beaucoup de violations sur les tensions. Le choix approprié de ρ nécessite donc une certaine expérience des planificateurs.

4.5 Régime d'incidents

Puisque, nous sommes concernés dans ce travail par le problème de planification de la puissance réactive à court terme, nous allons alors planifier l'installation de nouveaux moyens de compensation de l'énergie réactive, en prévention d'une augmentation de la charge du réseau.

A cet effet, on définit les niveaux de charge suivants :

> **Niveau 1:** niveau de charge nominal actuel (régime normal de fonctionnement).

> **Niveau 2:** Le niveau de charge nominal dans cinq ans, estimé à 125% de la charge nominale actuelle.

> **Niveau 3:** La pointe de charge dans cinq ans, posée comme 150% de la charge nominale actuelle.

Dans notre étude, la surcharge est supposée uniforme. Une surcharge du réseau de k %, suppose une augmentation de toutes les puissances actives et réactives de tous les noeuds (P_D, Q_D, P_G et Q_G) par le même coefficient k.

En plus l'un des buts essentiels de la planification de l'énergie réactive est d'assurer la viabilité et la continuité de fonctionnement du système d'énergie électrique dans l'état d'incidents **[8, 23]**.

Pour la considération de cet état de fait, il faut distinguer entre le système avant incident ce qui correspond à ce qu'on appelle "mode préventif" et le système après incident ce qui correspond au "mode correctif" **[11, 12]**.

Dans le premier cas, c'est à dire le mode préventif, on veut que le système reste fiable pour le point de fonctionnement nominal actuel, même après des incidents très sévères, grâce à des moyens de compensation appropriés. Il n'y a pas de réajustement d'énergie réactive immédiatement après l'apparition du défaut.

Dans le deuxième cas, c'est à dire le mode correctif, l'énergie réactive est réajustée pour essayer de faire revenir le système à un état de fonctionnement normal après que celui ci l'ait perdu suite à un incident. Le but du planificateur est donc de prévoir et installer des moyens de compensation d'énergie réactive aux meilleures localisations pour que des ajustements correctifs nécessaires et suffisants s'enclenchent au moment opportun pour un ensemble d'incidents.

En pratique, le système est mis en sécurité contre un ensemble d'incidents en mode préventif et contre certains autres en mode correctif.

En régime d'incidents, la fonction objectif à minimiser représente toujours les pertes actives pénalisées par les dépassements sur les variables d'état du système. Ces dépassements seront bien sûr plus importants pour les incidents les plus sévères.

Il faut noter que le mode préventif est plus conservatif que le mode correctif c'est à dire que la solution en mode préventif a besoin de plus de sources d'énergie réactive que celui du mode correctif. Elle est généralement plus coûteuse. C'est pour cette raison que dans le programme élaboré, nous avons adopté comme régime d'incidents le mode correctif.

Avant de procéder à l'analyse algorithmique du mode correctif choisi, il faut définir le type d'incidents objets à de telles études. En fait, le nombre d'incidents peut être très grand et il deviendrait trop complexe et compliqué de les prendre tous en considération. En pratique, seuls quelques incidents importants sont considérés, parmi lesquels deux principaux présentés dans cette étude.

4.5.1 Incidents étudiés [118]

Les deux types d'incidents (ce sont les incidents majeurs) considérés sont:
- ➤ élimination d'une ligne ou d'un transformateur,
- ➤ élimination de la génération pour un noeud contrôlable.

a) Elimination d'une ligne ou d'un transformateur

L'élimination de lignes ou de transformateurs est simulée par une adaptation des techniques d'inversion appliquées aux matrices modifiées $[B']$ et $[B'']$ relatives aux équations d'écoulement de puissance. Il est nécessaire d'omettre uniquement les éléments de transmission série contenus dans ces matrices. Les condensateurs shunts, susceptances et éléments shunt du schéma équivalent d'un régleur en charge peuvent rester inchangés dans $[B'']$ sans affecter la convergence. Toute transformation doit bien sûr se refléter correctement dans le calcul de $[\Delta P/|V|]$ et $[\Delta Q/|V|]$.

Dans le cas d'une coupure de ligne, deux vecteurs $[X']$ et $[X'']$ doivent être calculés en utilisant les matrices $[B']$ et $[B'']$ respectivement. Après chaque élimination de ligne, les matrices inverses $[B']^{-1}$ et $[B'']^{-1}$ sont déduites de ceux du régime normal.

Chacune des équations (3.13) et (3.14) peuvent s'écrire sous la forme:

$$[R] = [B_0][E_0] \tag{4.10}$$

à partir duquel, on dérive la solution:

$$[E_0] = [B_0]^{-1}[R] \qquad (4.11)$$

Dans la plupart des cas, l'élimination d'une ligne ou d'un transformateur se reflète dans $[B_0]$ par une modification de deux éléments dans la colonne k et deux éléments dans la colonne m. La nouvelle matrice s'écrit alors:

$$[B_1] = [B_0] + b[M]^t[M] \qquad (4.12)$$

où b admittance série de la ligne ou du régleur en charge,
       $[M]$ vecteur ligne nul sauf pour $M_k = a$, et $M_m = -1$,
       a rapport de transformation du régleur en charge se référant au noeud correspondant à la ligne m pour un transformateur, ou *1* pour une ligne.

Dépendamment du type de noeuds connectés, seule une ligne, k ou m, peut être présentée dans $[B']$ ou $[B'']$ et dans laquelle seul M_k ou M_m est nul. Si les deux noeuds sont de type *PV* ou balancier, aucune modification n'est apportée à $[B'']$. On peut déduire que:

$$[B_1]^{-1} = [B_0]^{-1} + C[X][M][B_0]^{-1} \qquad (4.13)$$

où

$$\begin{array}{c} C = (1/b + [M][X])^{-1} \\ \text{et} \\ [X] = [B_0]^{-1}[M]^t \end{array} \qquad (4.14)$$

Le vecteur solution $[E_1]$ de ce problème est obtenu par:

$$[E_1] = [B_1]^{-1}[R] \qquad (4.15)$$

D'après les équations (4.10), (4.14) et (4.15), nous avons:

$$[E_1] = [E_0] - C[X][M][E_0] \qquad (4.16)$$

Par conséquent, la solution du régime de base est facilement corrigée.

b) Élimination d'une génération

Pour ce deuxième type d'incident, on élimine la génération d'un noeud i contrôlable c'est à dire que l'on pose:

$$P_G(i) = 0$$
$$Q_G(i) = 0$$
(4.17)

Ce noeud devient donc un noeud de charge, et n'affecte pas la matrice $[B']$. Cependant, la matrice $[B'']$ sera augmentée d'un degré dans son dimensionnement (ajout d'un noeud), c'est-à-dire, elle devient une matrice de dimension $(N_{PQ}+1)(N_{PQ}+1)$.

Une fois que le type d'incidents à étudier a été défini ainsi que la manière de choisir les noeuds susceptibles d'être une localisation pour des moyens de compensation, il devient intéressant de voir comment le mode correctif choisi est appliqué.

4.5.2 Mode correctif [12]

En mode correctif, les valeurs des régleurs en charge et le module de tension au niveau des compensateurs statiques, des condensateurs synchrones et des générateurs peuvent être réajustés librement après l'apparition d'un incident quelconque. Dans ce cas, les variables de fonctionnement en régime d'incident sont indépendantes.

L'application du programme à deux niveaux pour le problème de planification d'énergie réactive en mode correctif est illustrée par la figure 4.3.

Dans cette figure, le système intact (en régime normal de fonctionnement actuel ou planifié) est optimisé pour déterminer un bon point de fonctionnement (réalisable ou peut être optimal). Cette solution est utilisée comme point de départ pour le premier incident. Ensuite, la procédure est appliquée successivement pour tout le reste des incidents. Dans notre cas, il faut noté que le point de fonctionnement final ne dépendra pas de l'ordre des incidents. Une chose claire est que lorsque on commence par un incident plus sévère, un incident moins sévère consécutive peut être sans effet sur le point de fonctionnement. Ainsi, on doit s'attendre à ce que la solution d'expansion pour un incident plus sévère, soit suffisante pour un nombre d'incidents moins sévères.

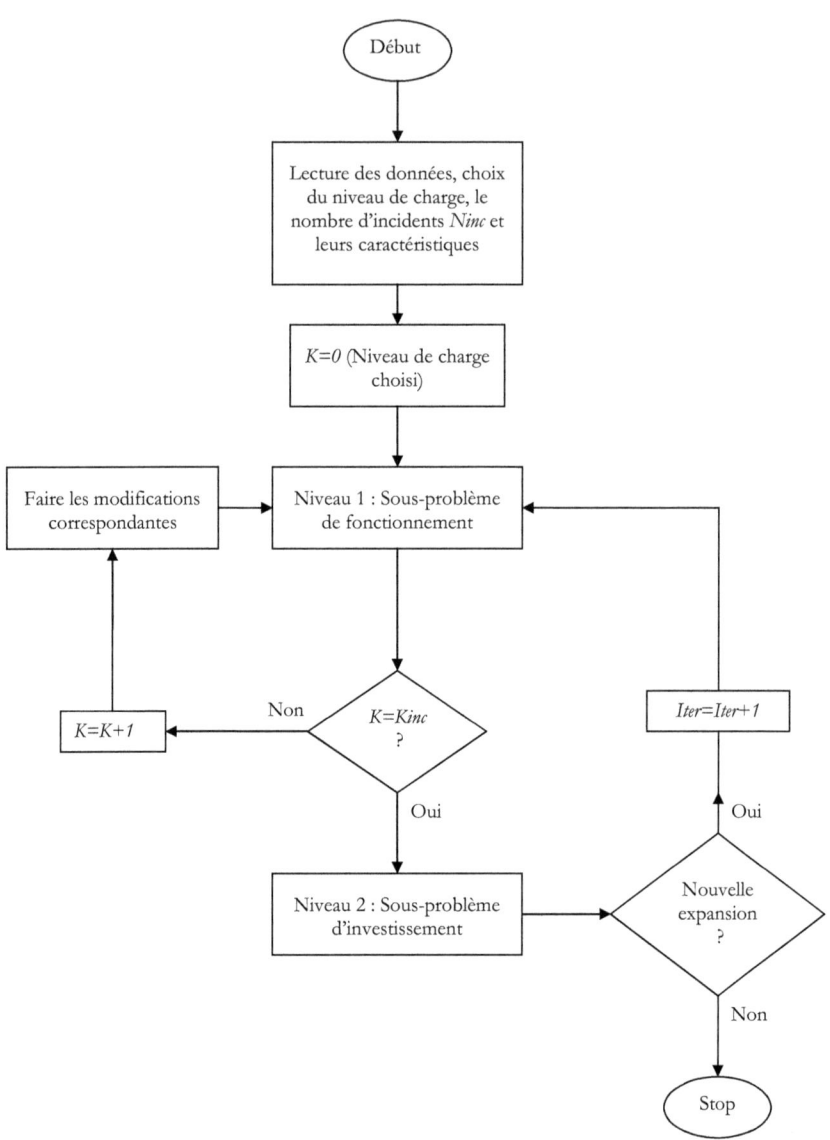

Figure 4.3 Organigramme d'un algorithme à deux niveaux pour la planification en mode correctif

Le résultat de fonctionnement obtenu à partir du régime de charge choisi (différents niveaux déjà détaillés) et du régime d'incidents est transmis au sous-problème d'investissement ramenant des informations pour une meilleure localisation des moyens de compensation.

Le processus se termine lorsque tous les dépassements (irréalisabilités) peuvent être résolues en situation normale et en situation d'incidents et ceci pour la capacité de décision trouvée.

Remarquons aussi que le choix des noeuds candidats en ce mode se fait une seule fois pour toute après avoir déterminer le point de fonctionnement résultant final.

4.6 Conclusion

En se basant sur les résultats du chapitre précédent, nous avons au début justifié le choix des méthodes pour chacun des deux niveaux du problème global de la planification de l'énergie réactive (*ORPP*). Ensuite, la formulation, d'une optimisation Q/V découplée avec les contraintes linéaires, adoptée pour le sous-problème de fonctionnement et qui nous permet d'appliquer une méthode conventionnelle a été exposée. Ainsi, un critère, se basant sur les valeurs des coefficients de Lagrange pour la sélection de l'ensemble des noeuds candidats a été décrit. Les difficultés rencontrées pour un meilleur choix du facteur de pondération ont été discutées.

Après, nous avons présenté le problème d'expansion d'énergie réactive lorsque le système est en régime d'incidents. Le type d'incidents étudiés ainsi que l'analyse algorithmique du mode correctif de réajustement des moyens de compensation ont été présentés en détail.

Jusqu'à ici, nous avons analysé le problème de la planification de l'énergie réactive dans un réseau électrique en régime normal et en régime d'incidents et présenté les outils mathématiques nécessaires pour sa résolution. Les détails concernant les différentes applications faites sur différents réseaux pour la validation des programmes élaborés sont l'objet du chapitre qui suit.

Chapitre 5
Résultats et interprétations

5.1 Introduction

Pour résoudre le problème de planification de l'énergie réactive (ORPP) dans un réseau d'énergie électrique, en utilisant la modélisation et les méthodes mathématiques présentées auparavant, nous avons élaboré plusieurs programmes (en Fortran 90). En fait, ces programmes sont des combinaisons d'une métaheuristique à population pour le sous-problème de fonctionnement et une métaheuristique à parcours pour le sous-problème d'investissement. Six combinaisons ont été testées, soient AG/RS, AG/RT, SE/RS, SE/RT, OEP/RS et OEP/RT. Pour valider ces programmes, nous les avons appliqués sur les réseaux modèles IEEE 14 et 57 noeuds. Les résultats satisfaisants obtenus, nous ont poussé à donner une dimension un peu plus pratique à notre travail, en s'orientant vers une application des programmes conçus au réseau Algérien de 114 noeuds.

5.2 Hypothèses des programmes

L'organigramme, sur lequel se basent les différents programmes développés, pour la résolution du problème global de planification de l'énergie réactive dans un réseau électrique est présenté par la figure 5.1. En régime d'incidents, le mode correctif de réajustement des moyens de compensation a été adopté.

Deux critères de convergence peuvent être considérés en parallèle durant le processus d'optimisation:

a) La différence maximale entre les valeurs de la fonction objectif de deux sous-problèmes d'investissement consécutifs doit être inférieure à une tolérance spécifiée:

$$| F^{(h)} - F^{(h-1)} | \leq \varepsilon \qquad (5.1)$$

où h index d'itération,
     ε erreur à spécifier.

b) Le nombre d'itérations atteint une valeur maximale $Nitermax$ à définir.

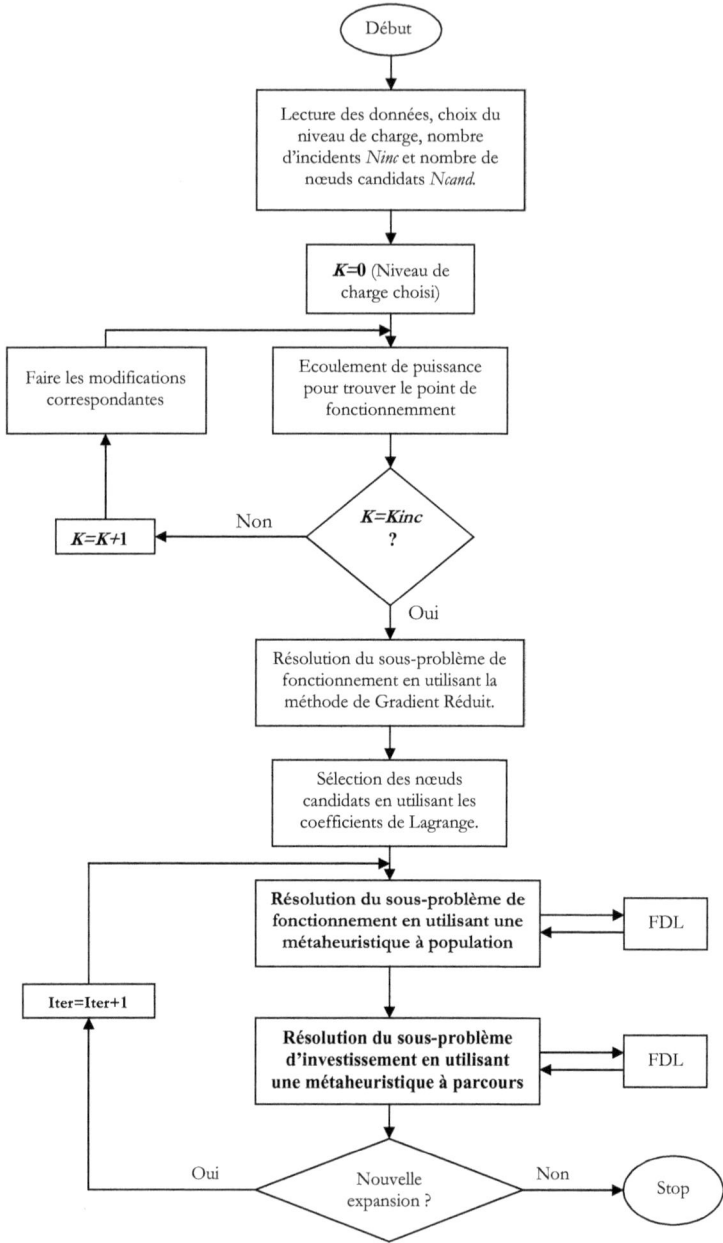

Figure 5.1 Organigramme global du problème de planification d'énergie réactive.

Dans les programmes développés, nous avons implanté seulement le deuxième critère de convergence et ceci dans le but de diminuer le temps de calcul du problème global et surtout pour les réseaux de grandes tailles. De toute façon, nous avons constaté après plusieurs tests que le premier critère n'a pas un grand effet sur la solution finale.

Rappelons que nous avons maintenu une modélisation continue pour les nouveaux moyens de compensation à installer tout en supposant une variation linéaire du coût d'expansion en fonction du volume du compensateur à installer. Les coûts unitaires S_c et S_r respectifs aux sources capacitives et inductives sont considérés égaux à l'unité ($S_c=S_r=1$) dans tous les tests effectués. Les limites des volumes des compensateurs capacitifs q_{cimax} et inductifs q_{rimax} qui peuvent être installés au nœud i sont considérées égaux à 50 $MVar$.

Les programmes élaborées nécessitent à définir les limites sur les variables de contrôle qui sont dans notre cas les modules de tensions aux nœuds générateurs (V_{Gmin} et V_{Gmax}) et les limites sur les rapports des transformateurs régleurs en charge (T_{min} et T_{max}) ainsi que les limites sur les variables d'état du système décrites par les modules des tensions aux noeuds de charge (V_{Lmin} et V_{Lmax}). Le programme demande aussi le nombre des noeuds candidats qui doit être choisi suivant la taille du réseau.

Quant aux facteurs de pondération ρ et de pénalisation α, ils seront fixés selon la taille du réseau testé et la sévérité des incidents étudiés. A cet effet, ils demandent une certaine expérience du planificateur pour pouvoir prendre une décision de leurs valeurs.

5.3 Applications aux réseaux modèles

5.3.1 Réseau modèle IEEE 14 nœuds [120]

Les tests sur le réseau 14 noeuds en régime normal ou en régime d'incidents sont exécutés pour les conditions limites sur les tensions en $p.u.$ et sur les rapports des régleurs en charge suivantes:

$$0.95 \leq V_L \leq 1.06$$
$$1.0 \leq V_G \leq 1.1$$
$$0.9 \leq T \leq 1.1$$

Pour ce réseau de petite taille ayant seulement 8 variables de contrôle dans le sous-problème de fonctionnement, le nombre de nœuds candidats à l'expansion est considéré égal à 2 (**Ncand=2**). Ce nombre nous informe alors sur la taille du deuxième niveau du programme (sous-problème d'investissement).

Après plusieurs exécutions, les facteurs de pondération et de pénalisation ont été fixés ainsi :

$$\rho = 20 \text{ et } \alpha = 10.$$

En régime normal de fonctionnement du réseau, on a constaté que le réseau n'a pas besoin de compensation.

En régime d'incidents, nous avons choisi un scénario générant beaucoup de violations sur les puissances réactives. En prenant comme base le niveau de charge dans cinq ans (estimé à 125% de la charge nominale actuelle), deux incidents successifs ont été appliqués au réseau. Les incidents sont l'élimination des lignes 13 et 17 reliant respectivement les nœuds 6-13 et 9-14.

Pour voir l'apport de l'utilisation des techniques métaheuristiques au problème de planification de l'énergie réactive (ORPP), les résultats de simulation seront comparés à ceux d'un travail antécédent se basant sur la décomposition de Benders (**BD**) et utilisant la méthode du gradient réduit pour la résolution du sous-problème de fonctionnement et de la programmation linéaire pour le sous-problème d'investissement **[62, 64, 121-123]**.

Les différentes combinaisons des métaheuristiques ont été exécutées pour les paramètres de contrôle résumés dans tableau 5.1. Ces paramètres ont été déterminés bien sûr avec un ajustement approprié et ceci après plusieurs tests. Remarquons que les solutions optimales ont été obtenues pour les méthodes à population avec des nombres de générations (AG et SE) et d'itérations (OEP) plus petits que ceux fixés précédemment pour le même réseau. Ceci peut être justifié par le fait que la solution globale du premier niveau du programme est atteinte pour ce nombre et que la solution globale dépend surtout du deuxième niveau du programme. En conséquence, le temps d'exécution total sera plus petit.

Dans ce cas, le nombre d'itérations maximal *Nitermax* entre les deux niveaux du programme pour les différentes combinaisons a été choisi égal à 10.

Tableau 5.1 paramètres de contrôle des différentes métaheuristiques (Réseau IEEE 14 noeuds).

Métaheuristiques	Paramètres de contrôle
AG	**Ngén=50** ; $Pc = 0.5$; $Pm = 0.02$; $Tpop = 30$; $Tcroi$: uniforme
SE($\mu +\lambda$)	**Ngén=40** ; $\lambda=40$; $\mu=10$; mut : auto-adaptative; rec : intermédiaire
OEP	$Tpop = 50$; $w_{max} = 0.9$; $w_{min} = 0.4$; $C_1 = C_2 = 1.4$; **$iter_{max}=100$**
RS	$T_0=5.0$; $RT=0.5$; $EPS=10^{-6}$; $NS=20$; $NT=5$; $NEPS=6$
RT	$Ndiv = 5$; $L = 5$; $Imax = 10$; $M = 100$

Les nœuds candidats choisis par le critère de sélection proposés sont respectivement les nœuds 12 et 13.

Le tableau 5.2 résume les résultats obtenus par la méthode de décomposition de Benders ainsi que les six combinaisons des métaheuristiques. Comme première constatation, la décomposition de Benders trouve une puissance réactive totale à installer de 54 $MVar$ beaucoup plus coûteux que ceux obtenus par les différentes métaheuristiques (ne dépassant pas 30.4 $MVar$). Ceci peut être expliqué d'une part par la formulation de la méthode de décomposition de Benders (*BD*) peu différente que celle proposée et d'autre part de la méthode conventionnelle (gradient réduit) utilisée pour la résolution du sous-problème de fonctionnement de la décomposition de Benders. Il faut rappeler en plus que dans *BD* les rapports des régleurs en charge n'ont pas été considérés comme des variables de contrôle.

La deuxième constatation est que les résultats obtenus par les six combinaisons d'une méthode à population pour le premier niveau du programme et d'une méthode à parcours pour le deuxième niveau du programme sont presque identiques. Ceci peut être justifié par la petite taille du réseau et ainsi la petite taille du problème global d'optimisation. En examinant bien les résultats pour ce réseau de petite taille, on peut confirmer que les métaheuristiques à parcours (*RS* et *TS*) utilisées pour la résolution du sous-problème d'investissement ont le plus grand effet à aboutir à la solution optimale du problème global de planification de l'énergie réactive (*ORPP*).

Tableau 5.2 Solutions optimales obtenues (Réseau IEEE 14 noeuds).

Méthode	*BD*		*AG / RS*		*AG/RT*		*SE/RS*		*SE /RT*		*OEP/RS*		*OEP/RT*	
Noeuds candidats	12	13	12	13	12	13	12	13	12	13	12	13	12	13
Puissance réactive installée (*MVar*)	30	24	5.0	25.4	2.4	26.8	4.3	25.6	2.6	26.7	5.8	24.6	2.4	26.8
Total (*MVar*)	54		30.4		29.2		29.9		29.3		30.4		29.2	
Pertes actives (*MW*)	28.72		26.23		26.24		26.16		26.21		26.01		26.21	

Le tableau 5.3 donne les modules des tensions aux nœuds 12, 13 et 14 (nœuds les plus affectés par les incidents) avant et après localisation des nouveaux moyens de compensation par les différentes méthodes. Dans l'ensemble, on peut remarquer que le profil de tension est nettement amélioré tout en respectant les contraintes sur les variables d'état du système. Néanmoins, la contrainte au nœud 12 n'est pas respectée du tout dans le cas de la décomposition de Benders, ce ci est dû au fait que le volume du compensateur installé en ce nœud est surdimensionné dans ce cas.

Tableau 5.3 Module des tensions (*p.u.*) avant et après localisation des nouveaux moyens de compensation (Réseau IEEE 14 noeuds).

Nœuds	Avant compensation	Après compensation						
		BD	AG/RS	AG/RT	SE/RS	SE/RT	OEP/RS	OEP/RT
12	0.9347	1.1000	1.0630	1.0610	1.0628	1.0612	1.0639	1.0611
13	0.7892	1.0414	0.9994	0.9995	0.9992	0.9995	0.9989	0.9997
14	0.7101	0.9828	0.9408	0.9412	0.9408	0.9411	0.9403	0.9413

Pour les différentes combinaisons testées, les modules des tensions aux nœuds de contrôle et les rapports des transformateurs régleurs en charge avant et après optimisation sont récapitulés respectivement dans les tableaux 5.4 et 5.5.

Tableau 5.4 Amplitudes de tensions (*p.u*) aux nœuds de contrôle et avant et après optimisation (Réseau IEEE 14 noeuds).

Nœuds	Avant compensation	Après compensation						
		BD	AG/RS	AG/RT	SE/RS	SE/RT	OEP/RS	OEP/RT
1*	1.0600	1.0600	1.1000	1.1000	1.1000	1.1000	1.1000	1.1000
2	1.0450	1.0363	1.0732	1.0809	1.0837	1.0838	1.1000	1.0845
3	1.0100	1.0000	1.0374	1.0433	1.0477	1.0478	1.0420	1.0463
6	1.0700	1.0821	1.0994	1.1000	1.1000	1.1000	1.1000	1.1000
8	1.0900	1.0911	1.0577	1.0949	1.0630	1.0645	1.1000	1.1000

*: Nœud balancier

Tableau 5.5 Rapports de transformation des régleurs en charge avant et après optimisation (Réseau IEEE 14 noeuds).

Trans.	Avant compensation	Après compensation						
		BD	AG/RS	AG/RT	SE/RS	SE/RT	OEP/RS	OEP/RT
04-07	0.9780	0.9780	0.9594	1.0051	0.9731	0.9745	0.9875	1.0047
04-09	0.9690	0.9690	1.0849	1.0821	1.0999	1.1000	1.1000	1.0771
05-06	0.9320	0.9320	0.9527	1.0214	0.9926	1.0075	0.9934	1.0008

Pour voir les effets des facteurs de pondération ρ et de pénalisation α sur la solution optimale de l'*ORPP*, on s'est fixé la valeur de l'un des facteurs et on a fait varier la valeur de l'autre dans une plage choisie après plusieurs exécutions. Pour se faire, on a choisi une des combinaisons (*AG/RS*) utilisant l'algorithme génétique pour la résolution du sous-problème de fonctionnement et le recuit simulé pour le sous-problème d'investissement. Les tests ont été faits sur le réseau IEEE 14 nœuds et pour les mêmes conditions limites sur les variables de contrôle et d'état du système et le même scénario qu'auparavant.

Le tableau 5.6 résume les solutions optimales obtenues pour différentes valeurs du facteur de pénalisation. On constate que l'effet de ce facteur est minime sur la puissance réactive totale installée, sur les pertes actives ainsi que sur le coût total. Cependant, l'importance de ce facteur apparaît surtout sur les valeurs des modules des tensions aux nœuds sujets à des dépassements (paramètres de sécurité du réseau). Dans notre cas, on remarque que plus le facteur de pénalisation augmente plus le module de la tension au nœud 14 est proche de la limite de la contrainte et plus le coût total augmente. Il y'a donc un compromis entre le coût total de l'expansion et la sécurité, c'est au planificateur de prendre la décision adéquate.

Tableau 5.6 Solutions optimales pour différentes valeurs du facteur pénalisation (AG/RS : IEEE 14 noeuds).

Facteur de pondération $\rho = 20$						
Facteur de pénalisation α		5	10	15	20	30
Q installées (*MVar*)	12	6.1	5.0	5.1	3.2	2.5
Aux nœuds candidats	13	23.7	25.4	25.7	27.1	28.1
Pertes (*MW*)		26.14	26.23	26.35	26.49	26.48
Coût d'investissement : Q installée totale (*MVar*)		29.8	30.4	30.8	30.3	30.6
Coût total		5.565	5.596	5.615	5.630	5.639
Tensions (*p.u.*)	12	1.0621	1.0630	1.0642	1.0629	1.0623
	13	0.9951	0.9994	1.0014	1.0027	1.0040
	14	0.9361	0.9408	0.9429	0.9443	0.9457

D'autre part, les solutions optimales obtenues, en fixant le facteur de pénalisation et attribuant différentes valeurs au facteur pondération, sont récapitulées dans le tableau 5.7. Il apparaît clairement l'effet de ce facteur surtout sur la puissance réactive totale installé. Plus ce facteur augmente, plus le volume total des compensateurs à installer augmente, en conséquence le coût total augmente, ce qui améliore nettement la sécurité du réseau (dans notre cas voir tension au nœud 14). De nouveau, on confirme la notion compromis coût-sécurité.

Tableau 5.7 Solutions optimales pour différentes valeurs du facteur pondération (AG/RS : IEEE 14 noeuds).

Facteur de pénalisation $\alpha = 10$						
Facteur de pondération ρ		5	10	15	20	30
Q installées (*MVar*)	12	0.0	0.0	3.90	5.0	6.3
Aux nœuds candidats	13	25.6	27.6	25.9	25.4	24.8
Pertes (*MW*)		26.35	26.48	26.28	26.23	26.26
Coût d'investissement : Q installée totale (*MVar*)		25.6	27.6	29.8	30.4	31.1
Coût total		1.602	2.95	4.274	5.596	8.246
Tensions (*p.u.*)	12	1.0520	1.0554	1.0612	1.0630	1.0651
	13	0.9880	0.9956	0.9985	0.9994	1.0005
	14	0.9286	0.9367	0.9398	0.9408	0.9420

5.3.2 Réseau modèle IEEE 57 nœuds [120]

Puisque, nous voulons planifier l'installation de nouveaux moyens de compensation de l'énergie réactive, en prévention d'une augmentation de la charge alors, nous avons considéré pour le réseau IEEE 57 nœuds le scénario suivant : nous supposons que le réseau fonctionne à la pointe de charge dans cinq ans (posée comme 150% de la charge nominale actuelle) et puis, on suppose que la ligne 80 reliant les nœuds 9 et 55 est ouverte suite à un incident. Les conditions limites sur les tensions en *p.u.* et sur les rapports des régleurs en charge considérées pour ce régime sont ainsi :

$$0.95 \leq V_L \leq 1.08$$
$$1.0 \leq V_G \leq 1.1$$
$$0.9 \leq T \leq 1.1$$

Pour ce réseau relativement de grande taille ayant 57 noeuds et 24 variables de contrôle dans le sous-problème de fonctionnement, le nombre de nœuds candidats à l'expansion est pris égal à 5 (***Ncand*=5**).

Le tableau 5.8 reprend les valeurs des paramètres de contrôle des différentes combinaisons métaheuristiques appliquées au réseau IEEE 57 nœuds. De même que précédemment, pour diminuer le temps de calcul du problème global, les nombres de générations ou d'itérations dans les méthodes à populations sont fixés à des valeurs plus petites que celles d'auparavant.

Dans ce cas et après plusieurs exécutions, le critère d'arrêt de l'*ORPP* traduit par le nombre d'itérations maximal *Nitermax*, les facteurs de pondération et de pénalisation ont été choisis ainsi :

$$Nitermax = 5, \rho = 40 \text{ et } \alpha = 10.$$

Tableau 5.8 Paramètres de contrôle des différentes métaheuristiques (Réseau IEEE 57 noeuds)

Métaheuristiques	Paramètres de contrôle
AG	*Ngén=200* ; $Pc = 0.5$; $Pm = 0.02$; $Tpop = 30$; $Tcroi$: *uniforme*
SE(μ+λ)	*Ngén=40* ; $\lambda=100$; $\mu=25$; *mut : auto-adaptative;* rec : intermédiaire
OEP	$Tpop = 150$; $w_{max} = 0.9$; $w_{min} = 0.4$; $C_1 = C_2 = 1.4$; ***iter**$_{max}$=100*
RS	$T_0=5$; $RT=0.5$; $EPS=10^{-6}$; $NS=20$; $NT=5$; $NEPS=6$
RT	$Ndiv = 5$; $L = 5$; $Imax = 30$; $M = 50$

En se fixant un nombre de 5 nœuds candidats pour ce réseau, le critère de sélection se basant sur les coefficients de Lagrange nous propose dans l'ordre suivant les nœuds : 43, 11, 41, 42 et 56.

Pour le réseau IEEE 57 nœuds, les résultats de simulation des six combinaisons métaheuristiques appliquées au problème de planification de l'énergie réactive sont résumés dans le tableau 5.9. On remarque que pour les différents cas, seulement les nœuds candidats 42 et 56 sont les sièges d'une nouvelle expansion. Ceci nous permet de constater que la compensation n'est pas obligatoire dans tous les nœuds candidats choisis et il n'est qu'à la résolution du problème d'optimisation de décider le volume de compensation à installer et le lieu parmi les nœuds sélectionnés par le critère proposé.

Vu la grande taille du problème d'optimisation obtenu, la nature hyper-quadratique de la fonction objectif et le compromis coût sécurité du problème, les résultats obtenus par les différentes combinaisons sont peu différents. Les coûts totaux varient alors entre 23.66 à 24.57 (pour un facteur pondération $\rho = 40$). Les deux meilleurs coûts successifs (23.66 et 23.90) sont obtenus respectivement par les combinaisons *SE/RT* et *SE/RS* ce qui semble être logique vu que ces deux combinaisons utilisent la stratégie évolutionnaire technique la mieux classée dans les méthodes à population pour la résolution du premier niveau du programme.

Tableau 5.9 Solutions optimales obtenues (Réseau IEEE 57 noeuds).

Combinaisons	Noeuds candidats	Puissance réactive installée ($MVar$)	Compensation Totale ($MVar$)	Pertes actives (MW)	Coût total
AG / RS	11	0.0	28.7	60.26	24.40
	41	0.0			
	42	9.4			
	43	0.0			
	56	19.3			
AG / RT	11	0.0	38.6	59.46	24.23
	41	0.0			
	42	8.0			
	43	0.0			
	56	30.6			
SE / RS	11	0.0	32.7	58.90	23.90
	41	0.0			
	42	7.3			
	43	0.0			
	56	25.4			
SE / RT	11	0.0	36.8	58.15	23.66
	41	0.0			
	42	6.8			
	43	0.0			
	56	30.0			
OEP / RS	11	0.0	33.8	58.86	23.91
	41	0.0			
	42	6.0			
	43	0.0			
	56	27.8			
OEP / RT	11	0.0	31.6	60.36	24.57
	41	0.0			
	42	8.4			
	43	0.0			
	56	23.2			

Les modules des tensions aux nœuds de charge les plus affectés par le scénario proposé avant et après localisation des nouveaux compensateurs sont montrés sur le tableau 5.10. Après installation des compensateurs, le profil de tension est clairement amélioré. D'après ce tableau, on peut constater que les nœuds candidats ne sont pas nécessairement les nœuds les plus affectés du point de vue module de tension (par exemple les nœuds 30, 31 et 32) ce qui montre l'efficacité du critère de sélection proposée.

Tableau 5.10 Amplitudes de tensions (*p.u.*) aux nœuds les plus affectés avant et après optimisation (IEEE 57 noeuds).

Nœuds	Avant compensation	Après compensation					
		AG/RS	*AG/RT*	*SE/RS*	*SE/RT*	*OEP/RS*	*OEP/RT*
25	0.8638	1.0507	1.0242	1.0476	1.0387	1.0506	1.0455
26	0.8927	1.0384	1.0167	1.0242	1.0141	1.0167	1.0192
30	0.8309	1.0146	0.9883	1.0096	1.0014	1.0121	1.0083
31	0.7885	0.9647	0.9389	0.9552	0.9486	0.9565	0.9556
32	0.8216	0.9803	0.9551	0.9638	0.9596	0.9632	0.9669
33	0.8176	0.9759	0.9506	0.9593	0.9551	0.9587	0.9624
34	0.8702	0.9496	0.9494	0.9640	0.9470	0.9511	0.9609
35	0.8841	0.9618	0.9615	0.9752	0.9586	0.9622	0.9724
40	0.8984	0.9794	0.9863	0.9985	0.9835	0.9850	0.9953
42	0.8972	1.0391	1.0720	1.0507	1.0629	1.0304	1.0369
52	0.8887	0.9750	0.9699	0.9654	0.9607	0.9605	0.9624
53	0.8589	0.9512	0.9538	0.9462	0.9420	0.9423	0.9430
56	0.8929	1.0463	1.0801	1.0547	1.0679	1.0318	1.0414
57	0.8843	1.0139	1.0490	1.0327	1.0376	0.9925	1.0255

Les tableaux 5.11 et 5.12 résument pour les différentes combinaisons testées, les résultats des variables de contrôle respectivement les modules des tensions aux 7 nœuds générateurs et les rapports des 17 transformateurs régleurs en charge avant et après compensation. Les diverses solutions optimales sont obtenues pour des modules des tensions aux noeuds tendant vers les limites supérieures (ce qui améliore nécessairement le plan de tension) surtout pour les générateurs ayant une grande capacité de production d'énergie réactive. Pour les rapports des régleurs en charge ce n'est pas forcément le cas. De toute façon, les valeurs des variables de contrôle varient dans le sens de minimisation des pertes actives et un plan de tension respectant les contraintes imposées.

Tableau 5.11 Amplitudes de tensions (*p.u.*) aux nœuds de contrôle avant et après optimisation (IEEE 57 noeuds).

Nœuds	Avant compensation	Après compensation					
		AG/RS	*AG/RT*	*SE/RS*	*SE/RT*	*OEP/RS*	*OEP/RT*
1*	1.0600	1.0969	1.0961	1.0999	1.0999	1.1000	1.0996
2	1.0100	1.0840	1.0934	1.1000	1.0953	1.1000	1.0916
3	0.9850	1.0919	1.0909	1.0895	1.0808	1.0761	1.0766
6	0.9800	1.0676	1.0720	1.0719	1.0542	1.0470	1.0480
8	1.0005	1.0538	1.0500	1.0564	1.0521	1.0302	1.0390
9	0.9800	1.0582	1.0678	1.0618	1.0645	1.0421	1.0365
12	1.0150	1.0592	1.0628	1.0635	1.0634	1.0542	1.0451

*: Nœud balancier

Tableau 5.12 Rapports de transformation des régleurs en charge avant et après optimisation (IEEE 57 noeuds).

Trans.	Avant compensation	Après compensation					
		AG/RS	*AG/RT*	*SE/RS*	*SE/RT*	*OEP/RS*	*OEP/RT*
04-18	0.9700	0.9002	0.9782	0.9002	0.9022	1.0193	0.9000
04-18	0.9780	0.9002	0.9782	0.9002	0.9022	1.0193	0.9000
07-29	0.9670	0.9962	1.0198	1.0213	1.0166	1.0029	1.0031
09-55	0.9400	0.9710	0.9653	0.9677	0.9672	0.9675	0.9685
10-51	0.9300	1.0220	1.0341	1.0055	1.0198	1.0015	0.9827
11-41	0.9550	0.9352	0.9121	0.9053	0.9005	0.9000	0.9800
11-43	0.9580	1.0975	1.0574	1.0687	1.0488	1.0419	0.9800
13-49	0.8950	0.9338	0.9520	0.9543	0.9570	0.9000	0.9066
14-46	0.9000	0.9727	1.0015	0.9928	1.0153	1.0000	0.9000
15-45	0.9550	1.0103	1.0935	1.0172	1.0856	1.1000	1.0974
21-20	1.0430	1.0685	1.0453	1.0088	1.0261	0.9000	1.0459
24-25	1.0100	1.0576	1.0462	1.0971	1.0999	1.1000	1.0999
24-25	1.0100	1.0576	1.0462	1.0971	1.0999	1.1000	1.0999
24-26	1.0430	1.0341	1.0341	1.0341	1.0335	1.0333	1.0346
34-32	0.9750	0.9274	0.9502	0.9631	0.9479	0.9521	0.9545
39-57	0.9800	1.0222	0.9747	0.9708	0.9790	1.0670	0.9543
40-56	0.9580	0.9471	1.0662	1.0967	1.0968	1.1000	1.0927

5.4 Application au réseau national Algérien

5.4.1 Politique d'interconnexion des systèmes isolés au réseau national [128]

Pour donner un aspect pratique à notre travail, nous appliquerons les différents algorithmes, se basant sur des combinaisons métaheuristiques, développés pour planifier l'installation de nouveaux moyens de compensation de puissance réactive, afin d'améliorer le fonctionnement du tronçon Saida - Bechar du réseau *HT-THT* Algérien.

Vu les grandes distances entre les systèmes, de 200 à 1000Km et l'augmentation continue de la charge dans les systèmes isolés, l'alimentation des régions sud isolées pose des problèmes techniques et économiques sérieux. A moyen et long terme, les charges arriveront à de hauts niveaux. Pour affronter ce problème, des solutions appropriées ont été ou doivent être envisagées par la Sonelgaz.

Ainsi le développement de l'approvisionnement de ces régions peut se faire en:
- Interconnectant de manière plus poussée le réseau national.
- Trouvant des sources locales de combustible quand c'est possible.

Dans le cas de la région de Bechar, où il n'y pas de source locale de combustible, une étude technico-économique faite par la Sonelgaz montre la nécessité d'interconnecter cette région avec le réseau national par le biais d'une ligne Saida Bechar via Ain-Sefra de 520 km à 220 kV. Cette ligne radiale qui prend son départ de la sous-station de Saida, est constituée d'une seule ligne de section 411 mm^2 entre Saida et Ain-Sefra (270 Km) et une double ligne entre Ain-Sefra et Bechar (250 Km).

A cause de sa longueur, chacune des sections de cette ligne donne lieu à des surtensions aux différents nœuds de cette ligne. Pour montrer l'influence du niveau de charge sur les tensions des nœuds, nous faisons varier les niveaux de charges à Ain-Sefra et à Bechar, en considérant les hypothèses de consommation en ces noeuds, suivant le tableau 5.13. Les différents cas suivants sont considérés :

> **Cas 1** : Régime normal de fonctionnement.

> **Cas 2** : Heure creuse à Bechar seulement.

> **Cas 3** : Heure creuse à Bechar et Ain-Sefra.

> **Cas 4** : Délestage de la charge à Bechar.

Tableau 5.13 Hypothèses de consommation aux nœuds de Bechar et Ain-Sefra.

Nœuds	Régime normal		Heure creuse	
	MW	$MVar$	MW	$MVar$
Bechar	31	15	15	8
Ain-Sefra	13	6	7	3

Les tableaux 5.14 et 5.15 présentent les résultats des modules des tensions aux nœuds de Bechar et Ain-Sefra et les pertes actives totales du réseau Algérien, issus du calcul d'écoulement de puissance pour les différents cas de charge :

Tableau 5.14 Profil de tensions en fonction du niveau de charge.

Nœuds	cas1	cas2	cas3	cas4
Bechar	1.1229	1.1942	1.2089	1.2564
Ain-Sefra	1.1231	1.1665	1.1803	1.2035

Tableau 5.15 Pertes actives en fonction du niveau de charge.

	cas1	cas2	cas3	cas4
Pertes actives (MW)	63.62	62.96	62.89	63.01

Avec des telles tensions, la connexion des transformateurs alimentant les charges à Ain-Sefra et Bechar ne peut être faite sans prendre des mesures particulières. L'interconnexion ne peut se faire sans l'installation d'équipements de compensation d'énergie réactive.

D'après ces résultats, il apparaît que la sévérité des surtensions augmente avec la diminution de charge. Le niveau de charge déterminé par le cas 4 donne lieu à des surtensions très élevées qui doivent être corrigées.

Nous voulons, par l'installation d'un nouveau moyen de compensation de l'énergie réactive, réduire ces surtensions et faire diminuer les pertes actives. En fait, c'est le cas 4 (cas le plus sévère) qui déterminera le lieu et le volume du compensateur à installer.

Différentes simulations ont été effectuées pour trouver le volume de compensation en énergie réactive à installer pour l'interconnexion de cette ligne (Saida-Bechar via Ain-Sefra). Les conditions sur les limites de tensions et les rapports des régleurs en charge considérées pour les différents cas sont (en $p.u.$):

$$0.95 \leq V_L \leq 1.08 \ ; \quad 1.0 \leq V_G \leq 1.1 \ ; \quad 0.9 \leq T \leq 1.1$$

Vu la grande taille du réseau Algérien (114 nœuds) et la taille du sous-problème de fonctionnement (31 variables de contrôle), le nombre de nœuds candidats à l'expansion pour tous les cas est considéré égal à 7 (**Ncand=7**).

Pour les 4 cas de charge du réseau Algérien 114 noeuds, les valeurs des paramètres de contrôle des différentes combinaisons métaheuristiques sont résumés dans le tableau 5.16. En plus de l'exécution du sous-problème de fonctionnement avec des nombres de générations ou d'itérations plus petits (voir tableau 5.16) et pour diminuer le temps de calcul du problème global, nous fixons une petite valeur pour le nombre d'itérations maximal *Nitermax*. Dans notre cas, *Nitermax* est pris égal à 3 (**Nitermax=3**).

Tableau 5.16 Paramètres de contrôle des différentes métaheuristiques (Réseau Algérien 114 noeuds).

Métaheuristiques	Paramètres de contrôle
AG	**Ngén=150**; $Pc=0.5$; $Pm=0.02$; $Tpop=90$; $Tcroi$: uniforme
SE(μ+λ)	**Ngén=40**; $\lambda=100$; $\mu=20$; mut : auto-adaptative; rec : intermédiaire
OEP	$Tpop=150$; $w_{max}=0.9$; $w_{min}=0.4$; $C_1=C_2=1.5$; **$iter_{max}=90$**
RS	$T_0=5.0$; $RT=0.5$; $EPS=10^{-6}$; $NS=2$; $NT=5$; $NEPS=6$
RT	$Ndiv=2$; $L=5$; $Imax=60$; $M=40$

Après plusieurs tests sur le réseau Algérien, les facteurs de pondération et de pénalisation pour les différents cas de charge ont été choisis ainsi :

$$\rho = 20 \text{ et } \alpha = 10.$$

5.4.2 Résultats du cas 1

Pour ce cas, le critère de sélection des nœuds candidats pour l'expansion a choisi dans l'ordre les 7 nœuds suivants : 88, 53, 92, 12, 54, 55 et 59. Après l'exécution des différentes combinaisons métaheuristiques pour la solution du problème de l'*ORPP*, le seul nœud de Bechar (nœud 12) est le siège d'une nouvelle compensation. Le type de compensation obtenu est inductif, puisque la ligne radiale (Saida-Bechar) est très longue et sous-chargée pour ce régime de fonctionnement.

Le Tableau 5.17 donne les différentes solutions optimales obtenues pour le cas1. En analysant les résultats, on remarque qu'il y'a une légère différence entre les résultats obtenus dû à la grande taille et la nature du problème d'optimisation non linéaire traité. Pour les mêmes raisons citées précédemment, les combinaisons *SE/RT* et *SE/RS* ont abouti aux meilleures solutions du coût total respectivement 11.46 et 11.50.

Pour ce cas, la meilleure solution obtenue par la combinaison SE/RT donne la meilleure réduction des pertes actives de 11.75 % néanmoins elle suggère le plus grand volume du compensateur à installer c'est-à-dire un coût d'investissement plus élevé. Ce qui met en évidence le compromis coût sécurité.

Pour toutes les combinaisons, le tableau 5.18 illustre la grande amélioration des modules des tensions de la ligne radiale après la localisation de la compensation inductive au noeud de Bechar. Pour le reste des nœuds de charge, le plan de tension est amélioré et seulement le réglage optimal des variables de contrôle dans le sous-problème de fonctionnement était capable de remettre les modules des tensions dans leurs limites permises.

Tableau 5.17 Solutions optimales obtenues pour le cas 1 (Réseau Algérien 114 noeuds).

Combinaison	Noeud	Puissance réactive installée ($MVar$)	Pertes actives (MW)	Coût total
AG/RS	Bechar	-2.95	58.78	11.85
AG/RT	Bechar	-3.10	58.09	11.68
SE/RS	Bechar	-3.71	57.25	11.50
SE/RT	Bechar	-4.81	56.93	11.46
OEP/RS	Bechar	-2.59	57.51	11.58
OEP/RT	Bechar	-1.44	57.69	11.61

Tableau 5.18 Amplitudes de tensions ($p.u.$) aux nœuds les plus affectés avant et après optimisation du cas 1 (Réseau Algérien 114 noeuds).

Nœuds	Avant compensation	Après compensation					
		AG/RS	AG/RT	SE/RS	SE/RT	OEP/RS	OEP/RT
12	1.1230	1.0700	1.0694	1.0684	1.0663	1.0708	1.0729
13	1.1231	1.0813	1.0811	1.0815	1.0820	1.0812	1.0806
49	0.9424	1.0391	1.0350	1.0124	1.0153	1.0197	1.0306
53	0.9694	1.0125	1.0042	1.0276	1.0362	1.0224	1.0281
55	0.9261	0.9800	0.9729	1.0055	1.0144	0.9949	1.0102
56	0.9222	0.9784	0.9723	1.0209	1.0231	0.9995	1.0219
66	0.9378	0.9763	0.9886	1.0072	1.0066	1.0044	1.0074
89	0.9374	1.0198	1.0339	1.0404	1.0429	1.0313	1.0443
91	0.9241	1.0225	1.0541	1.0625	1.0593	1.0535	1.0638
92	0.9084	1.0091	1.0414	1.0501	1.0468	1.0409	1.0514
93	0.9458	1.0419	1.0729	1.0812	1.0781	1.0724	1.0825

Pour ce cas, les modules des tensions aux 15 nœuds générateurs et les rapports des 16 transformateurs régleurs en charge avant et après compensation résultats des différentes combinaisons métaheuristiques sont résumés respectivement dans les tableaux 5.19 et 5.20.

Tableau 5.19 Amplitudes de tensions ($p.u.$) aux nœuds de contrôle avant et après optimisation du cas 1 (Réseau Algérien 114 noeuds).

Nœuds	Avant compensation	Après compensation					
		AG/RS	AG/RT	SE/RS	SE/RT	OEP/RS	OEP/RT
1*	1.0900	1.0546	1.0462	1.0479	1.0526	1.0516	1.0393
5	1.0500	1.0834	1.0853	1.0546	1.0641	1.0864	1.0987
11	1.0500	1.0176	1.0260	1.0281	1.0297	1.0186	1.0239
15	1.0400	1.0567	1.0939	1.0911	1.0963	1.0918	1.0820
17	1.0800	1.0859	1.0738	1.0770	1.0826	1.0810	1.0807
19	1.0300	1.0789	1.0808	1.0997	1.0922	1.0742	1.0998
22	1.0400	1.0432	1.0941	1.0950	1.0998	1.1000	1.0997
52	1.0500	1.0734	1.0947	1.0976	1.0998	1.0874	1.0931
80	1.0800	1.0941	1.0863	1.0861	1.0752	1.0999	1.0606
83	1.0500	1.0780	1.0909	1.0915	1.0946	1.1000	1.0855
98	1.0500	1.0806	1.0511	1.0255	1.0911	1.0905	1.1000
100	1.0800	1.0955	1.0997	1.0995	1.0995	1.0998	1.0981
101	1.0800	1.0996	1.0974	1.0896	1.0920	1.0913	1.0891
109	1.0500	1.0892	1.0937	1.0894	1.0924	1.0951	1.0897
111	1.0200	1.0820	1.0565	1.0757	1.0756	1.0792	1.0701

*: Nœud balancier

Tableau 5.20 Rapports de transformation des régleurs en charge avant et après optimisation du cas 1 (Réseau Algérien 114 noeuds).

Trans.	Avant compensation	Après compensation					
		AG/RS	AG/RT	SE/RS	SE/RT	OEP/RS	OEP/RT
18-17	1.0300	0.9969	1.0445	1.0498	1.0456	1.0396	1.0562
21-20	1.0300	1.0202	1.0191	0.9955	0.9955	0.9909	1.0113
27-26	1.0300	0.9168	0.9100	0.9223	0.9347	0.9432	0.9279
28-26	1.0300	1.0378	0.9875	0.9844	0.9863	0.9502	0.9668
31-30	1.0300	0.9706	0.9819	0.9710	0.9648	0.9909	0.9734
42-41	1.0300	0.9332	0.9282	0.9494	0.9508	0.9467	0.9292
44-43	1.0300	0.9735	0.9712	0.9441	0.9395	0.9564	0.9331
48-47	1.0300	0.9737	1.0013	0.9807	0.9920	0.9556	0.9600
58-57	1.0300	0.9822	0.9804	0.9234	0.9317	0.9543	0.9238
60-59	1.0300	0.9929	0.9850	0.9672	0.9597	0.9611	0.9709
64-63	1.0300	0.9635	0.9487	0.9359	0.9396	0.9402	0.9422
72-71	0.9200	0.9721	0.9841	0.9493	0.9669	0.9612	0.9562
74-76	1.0300	1.0593	1.0021	1.0625	1.0395	1.0471	0.9641
80-88	0.9800	0.9976	0.9743	0.9175	0.9242	0.9565	0.9128
81-90	0.9500	0.9203	0.9219	0.9177	0.9164	0.9287	0.9124
86-93	1.0300	0.9635	0.9393	0.9318	0.9381	0.9436	0.9298

5.4.3 Résultats du cas 2

Pour ce cas où heure creuse est supposée à Bechar, les nœuds candidats ont été choisis dans l'ordre suivant 12, 88, 13, 53, 92, 54 et 55. Remarquons que les nœuds choisis ne sont pas forcément les mêmes que ceux du cas 1 et en plus le classement n'est plus le même. Ce ci peut être expliqué par le fait que le point de fonctionnement a changé et que les surtensions aux nœuds de Bechar et Ain-Sefra sont devenues plus sévères et c'est pourquoi le nœud 13 (Ain-Sefra) est devenu candidat à la nouvelle expansion.

Les différentes solutions optimales obtenues par l'exécution des combinaisons métaheuristiques pour ce deuxième cas sont résumées dans le tableau 5.21. D'après ce tableau, les coûts totaux sont assez proches, les écarts ne dépassent pas quelques fractions de %. Pour toutes les combinaisons et de même que le cas 1, le réajustement des variables de contrôle et une compensation inductive au seul nœud de Bechar sont suffisants à faire diminuer les surtensions et remettre les tensions à leurs limites permises. Les meilleurs coûts totaux 11.40 et 11.44 sont obtenus respectivement par les combinaisons métaheuristiques SE/RT et SE/RS ce qui témoigne la supériorité et l'efficacité de ces deux combinaisons. Etant donné que le cas 2 est plus sévère que le cas1, le volume du compensateur à installer est ainsi plus grand, tandis que les pertes actives sont moins (réduction seulement de 11.51% pour les deux meilleurs combinaisons).

Tableau 5.21 Solutions optimales obtenues pour le cas 2 (Réseau Algérien 114 noeuds).

Combinaison	Noeud	Puissance réactive installée (MVar)	Pertes actives (MW)	Coût total
AG / RS	Bechar	-10.39	57.11	11.60
AG / RT	Bechar	-9.53	58.26	11.81
SE / RS	Bechar	-10.84	56.40	11.44
SE / RT	Bechar	-10.51	56.40	11.40
OEP / RS	Bechar	-9.83	57.49	11.69
OEP / RT	Bechar	-9.72	57.01	11.57

Après avoir installer le compensateur inductif à Bechar, une grande amélioration des modules des tensions aux nœuds de Bechar et Ain-Sefra, nœuds de la ligne radiale, est bien montrée dans le tableau 5.22. Le plan de tension est nettement amélioré et il respecte bien les limites permises.

Tableau 5.22 Amplitudes de tensions ($p.u.$) aux nœuds les plus affectés avant et après optimisation du cas 2 (Réseau Algérien 114 noeuds).

Nœuds	Avant compensation	Après compensation					
		AG/RS	AG/RT	SE/RS	SE/RT	OEP/RS	OEP/RT
12	1.1942	1.0782	1.0775	1.0771	1.0775	1.0788	1.0748
13	1.1665	1.0806	1.0781	1.0806	1.0802	1.0799	1.0760
49	0.9427	1.0052	1.0511	1.0073	1.0335	0.9951	0.9937
54	0.9451	0.9908	0.9791	1.0156	1.0257	1.0134	1.0060
55	0.9263	0.9660	0.9596	1.0053	1.0149	1.0031	0.9993
56	0.9223	0.9714	0.9493	1.0207	1.0234	1.0159	1.0185
66	0.9378	1.0048	0.9825	1.0087	1.0086	0.9983	1.0013
89	0.9374	1.0068	1.0215	1.0404	1.0402	1.0429	1.0252
91	0.9241	1.0356	1.0295	1.0624	1.0619	1.0623	1.0461
92	0.9084	1.0225	1.0163	1.0499	1.0494	1.0498	1.0333
93	0.9458	1.0548	1.0488	1.0810	1.0806	1.0810	1.0651

Pour ce deuxième cas, les tableaux 5.23 et 5.24 résument les valeurs des 31 variables de contrôle avant et après compensation respectivement les modules des tensions aux nœuds générateurs et les rapports des transformateurs régleurs en charge.

Tableau 5.23 Amplitudes de tensions *(p.u.)* aux nœuds de contrôle avant et après optimisation du cas 2 (Réseau Algérien 114 noeuds).

Nœuds	Avant compensation	Après compensation					
		AG/RS	AG/RT	SE/RS	SE/RT	OEP/RS	OEP/RT
1*	1.0900	1.0357	1.0302	1.0325	1.0329	1.0350	1.0304
5	1.0500	1.0953	1.0219	1.0659	1.0402	1.0705	1.0390
11	1.0500	1.0030	1.0010	1.0097	1.0058	1.0002	1.0000
15	1.0400	1.0471	1.0587	1.0165	1.0999	1.0970	1.0117
17	1.0800	1.0792	1.0750	1.0713	1.0827	1.0969	1.0722
19	10300	1.0612	1.0596	1.0987	1.0701	1.0743	1.0663
22	1.0400	1.0867	1.0915	1.0755	1.0962	1.0957	1.0778
52	1.0500	1.0702	1.0533	1.0649	1.0952	1.0054	1.0848
80	1.0800	1.0863	1.0935	1.0693	1.0722	1.0967	1.1000
83	1.0500	1.0924	1.0791	1.0905	1.0936	1.0935	1.0983
98	1.0500	1.0927	1.0489	1.0474	1.0906	1.0994	1.0000
100	1.0800	1.0982	1.0965	1.0999	1.0999	1.0256	1.0932
101	1.0800	1.0972	1.0993	1.0916	1.0902	1.0942	1.0964
109	1.0500	1.0950	1.0917	1.0998	1.0915	1.0994	1.1000
111	1.0200	1.0794	1.0747	1.0749	1.0755	1.0716	1.0773

*: Nœud balancier

Tableau 5.24 Rapports de transformation des régleurs en charge avant et après optimisation du cas 2 (Réseau Algérien 114 noeuds).

Trans.	Avant compensation	Après compensation					
		AG/RS	AG/RT	SE/RS	SE/RT	OEP/RS	OEP/RT
18-17	1.0300	1.0433	1.0492	1.0619	1.0461	1.0448	1.0482
21-20	1.0300	0.9783	1.0107	0.9949	0.9904	0.9912	0.9929
27-26	1.0300	0.9248	0.9348	0.9373	0.9415	0.9269	0.9120
28-26	1.0300	1.0272	0.9984	0.9622	0.9850	1.0117	1.0273
31-30	1.0300	0.9792	1.0228	0.9686	0.9622	0.9571	0.9906
42-41	1.0300	0.9428	0.9008	0.9396	0.9201	0.9509	0.9487
44-43	1.0300	0.9913	0.9821	0.9338	0.9308	0.9395	0.9337
48-47	1.0300	1.0155	1.0112	0.9846	0.9674	1.0063	0.9921
58-57	1.0300	0.9812	1.0092	0.9178	0.9260	0.9287	0.9144
60-59	1.0300	0.9686	0.9616	0.9555	0.9517	0.9489	0.9802
64-63	1.0300	0.9387	0.9581	0.9322	0.9391	0.9506	0.9341
72-71	0.9200	0.9614	0.9862	0.9442	0.9548	0.9659	0.9549
74-76	1.0300	1.0202	1.0232	0.9874	0.9496	0.9794	1.0293
80-88	0.9800	1.0013	0.9047	0.9323	0.9220	0.9740	0.9274
81-90	0.9500	0.9465	0.9213	0.9174	0.9195	0.9138	0.9288
86-93	1.0300	0.9543	0.9569	0.9319	0.9344	0.9314	0.9460

5.4.4 Résultats du cas 3

Lorsque des heures creuses sont supposées simultanément aux nœuds de Bechar et Ain-Sefra, les nœuds candidats sont sélectionnés dans l'ordre suivant 12, 13, 88, 37, 92, 32, 24. Pour ce troisième cas et puisque les surtensions sont plus importantes que celles du cas 2, on constate que le nœud de Ain-Sefra est devenu en deuxième position des nœuds candidats à la nouvelle expansion.

Pour ce cas et pour ce réseau de grande taille, nous avons appliqué en plus des six combinaisons la décomposition de Benders (BD). D'après le tableau 5.25, le volume total de compensation inductive ainsi que les pertes actives obtenus par la décomposition de Benders sont plus importants comparativement aux résultats des différentes combinaisons métaheuristiques, ce qui a causé le coût total le plus important. Ce résultat confirme de nouveau que la méthode de gradient réduit utilisée pour le premier niveau de la décomposition de Benders n'a pas pu atteindre le minimum global des pertes actives, ce qui a affecté la solution du problème global.

D'autre part, nous constatons que parmi les six combinaisons métaheuristiques deux seulement (AG/RS et SE/RS) ont proposé d'installer des compensateurs inductifs simultanément aux nœuds de Bechar et Ain-Sefra. Pour les deux cas, on remarque que la compensation installée au nœud de Ain-Sefra est petite relativement à celle de Bechar. A notre avis, ceci peut être évité si nous avons introduit dans le coût d'investissement un coût fixe tenant compte des frais d'installation et de maintenance du compensateur.

Les meilleurs coûts totaux (11.38 et 11.42) sont toujours obtenus par la combinaison de la stratégie évolutionnaire comme méthode à population avec une méthode à parcours respectivement la recherche taboue et le recuit simulé. Les pertes sont réduites dans les deux combinaisons respectivement de 12.24% et 12.38%.

Tableau 5.25 Solutions optimales obtenues pour le cas 3 (Réseau Algérien 114 noeuds).

Méthode	Noeuds	Puissance réactive installée (*MVar*)	Compensation Totale (*MVar*)	Pertes actives (*MW*)	Coût total
BD	Bechar	-25.0	-25.0	61.82	12.80
	Ain-Sefra	0.0			
AG / RS	Bechar	-16.50	-18.27	57.39	11.65
	Ain-Sefra	-1.77			
AG / RT	Bechar	-13.37	-13.37	56.95	11.51
	Ain-Sefra	0.0			
SE / RS	Bechar	-13.86	-15.62	56.03	11.38
	Ain-Sefra	-1.76			
SE / RT	Bechar	-15.42	-15.42	55.96	11.42
	Ain-Sefra	0.0			
OEP / RS	Bechar	-12.74	-12.74	56.57	11.53
	Ain-Sefra	0.0			
OEP / RT	Bechar	-15.60	-15.60	56.57	11.45
	Ain-Sefra	0.0			

Pour les différentes méthodes, le tableau 5.26 montre clairement l'amélioration des modules des tensions aux nœuds de Bechar et Ain-Sefra après l'installation des compensateurs inductifs. Cependant, contrairement aux combinaisons métaheuristiques et pour la même raison citée auparavant, la décomposition de Benders n'a pas pu amélioré le profil de tension aux autres nœuds de charge.

Tableau 5.26 Amplitudes de tensions (*p.u.*) aux nœuds les plus affectés avant et après optimisation du cas 3 (Réseau Algérien 114 nœuds).

Nœuds	Avant compensation	Après compensation						
		BD	AG/RS	AG/RT	SE/RS	SE/RT	OEP/RS	OEP/RT
12	1.2089	1.0584	1.0688	1.0713	1.0705	1.0671	1.0726	1.0669
13	1.1803	1.0949	1.0815	1.0808	1.0811	1.0814	1.0806	1.0817
49	0.9428	0.9441	1.0014	0.9634	1.0326	1.0323	1.0407	1.0482
54	0.9452	0.9527	0.9845	0.9861	1.0224	1.0190	1.0099	1.0147
55	0.9263	0.9547	0.9736	0.9873	1.0095	1.0119	1.0024	1.0047
56	0.9224	0.9284	0.9606	0.9715	1.0234	1.0196	1.0121	1.0119
66	0.9378	0.9464	0.9887	0.9946	1.0038	1.0069	1.0110	0.9886
89	0.9374	0.9510	1.0328	1.0482	1.0402	1.0406	1.0497	1.0401
91	0.9241	0.9363	1.0439	1.0759	1.0648	1.0611	1.0659	1.0558
92	0.9084	0.9209	1.0310	1.0637	1.0524	1.0486	1.0535	1.0432
93	0.9458	0.9577	1.0629	1.0944	1.0835	1.0798	1.0845	1.0746

Pour les différentes méthodes, les valeurs des variables de contrôle avant et après optimisation sont récapitulées dans les tableaux ci-dessous. Dans le tableau 5.27 sont données les modules des tensions aux nœuds générateurs. Remarquons que contrairement aux différentes combinaisons, les modules des tensions dans le cas de la décomposition de Benders sont généralement proches de ceux avant compensation (point de départ) ce qui réaffirme l'échec de cette méthode à trouver le minimum global.

Tableau 5.27 Amplitudes de tensions (*p.u.*) aux nœuds de contrôle avant et après optimisation du cas 3 (Réseau Algérien 114 nœuds).

Nœuds	Avant compensation	Après compensation						
		BD	AG/RS	AG/RT	SE/RS	SE/RT	OEP/RS	OEP/RT
1*	1.0900	1.0700	1.0303	1.0319	1.0345	1.0327	1.0293	1.0323
5	1.0500	1.0511	1.0975	1.0868	1.0295	1.0394	1.0267	1.0999
11	1.0500	1.0470	1.0172	1.0004	1.0097	1.0113	1.0000	1.0119
15	1.0400	1.0402	1.0686	1.0221	1.0173	1.0210	1.0155	1.1000
17	1.0800	1.0909	1.0758	1.0772	1.0786	1.0762	1.0676	1.0711
19	10300	1.0278	1.0799	1.0882	1.0880	1.0644	1.0880	1.0747
22	1.0400	1.0422	1.0918	1.0516	1.0720	1.0916	1.0983	1.0906
52	1.0500	1.0330	1.0759	1.0450	1.0741	1.0877	1.0600	1.1000
80	1.0800	1.0289	1.0935	1.0832	1.0988	1.0671	1.0916	1.0936
83	1.0500	1.0803	1.0845	1.0913	1.0920	1.0936	1.0954	1.0961
98	1.0500	1.0746	1.0888	1.0869	1.0864	1.0959	1.0196	1.0898
100	1.0800	1.0817	1.0936	1.0978	1.0999	1.0999	1.0972	1.1000
101	1.0800	1.0773	1.0832	1.0932	1.0917	1.0915	1.0909	1.0911
109	1.0500	1.0506	1.0923	1.0926	1.0902	1.0926	1.0917	1.0925
111	1.0200	1.0206	1.0555	1.0825	1.0738	1.0632	1.0862	1.0780

*: Nœud balancier

Le tableau 5.28 représente les rapports de transformation des régleurs en charge avant et après compensation. Puisque dans la méthode de décomposition de Benders, les rapports de transformations n'ont pas été considérés comme des variables de contrôle, alors ils sont les mêmes que ceux avant compensation.

Tableau 5.28 Rapports de transformation des régleurs en charge avant et après optimisation du cas 3 (Réseau Algérien 114 noeuds).

Trans.	Avant compensation	Après compensation						
		BD	*AG/RS*	*AG/RT*	*SE/RS*	*SE/RT*	*OEP/RS*	*OEP/RT*
18-17	1.0300	1.0300	1.0296	1.0573	1.0552	1.0493	1.0730	1.0603
21-20	1.0300	1.0300	1.0274	1.0139	1.0003	0.9960	0.9836	0.9815
27-26	1.0300	1.0300	0.9065	0.9289	0.9244	0.9235	0.9085	0.9623
28-26	1.0300	1.0300	1.0499	0.9971	0.9829	0.9828	1.0153	0.9651
31-30	1.0300	1.0300	0.9948	1.0093	0.9656	0.9631	0.9826	0.9735
42-41	1.0300	1.0300	0.9448	0.9757	0.9220	0.9204	0.9108	0.9068
44-43	1.0300	1.0300	0.9583	0.9278	0.9391	0.9259	0.9280	0.9318
48-47	1.0300	1.0300	0.9956	1.0249	0.9720	0.9762	0.9387	0.9641
58-57	1.0300	1.0300	0.9945	0.9802	0.9219	0.9261	0.9246	0.9310
60-59	1.0300	1.0300	0.9766	0.9882	0.9531	0.9595	0.9587	0.9471
64-63	1.0300	1.0300	0.9467	0.9497	0.9436	0.9375	0.9278	0.9579
72-71	0.9200	0.9200	0.9653	0.9630	0.9525	0.9518	0.9418	0.9581
74-76	1.0300	1.0300	1.0533	0.9645	1.0267	0.9917	1.0268	1.0624
80-88	0.9800	0.9800	0.9479	0.9330	0.9636	0.9194	0.9165	0.9361
81-90	0.9500	0.9500	0.9135	0.9143	0.9192	0.9195	0.9100	0.9186
86-93	1.0300	1.0300	0.9432	0.9203	0.9301	0.9358	0.9312	0.9415

5.4.5 Résultats du cas 4

Dans ce cas le plus sévère consistant à délester toute la charge à Bechar, les surtensions au bout de la ligne radiale dépassent les 25%. Le planificateur choisira alors ce cas pour prévoir et installer des nouveaux moyens de compensation d'énergie réactive dans le but de réduire ces surtensions et diminuer les pertes actives.

Pour ce cas, les nœuds candidats sélectionnés dans l'ordre sont les nœuds 12, 13, 24, 32, 37, 88 et 92. De mêmes que le cas précédent, les nœuds de Bechar et Ain-Sefra sont les premiers nœuds candidats puisque les surtensions en ces nœuds sont plus importantes.

Le tableau 5.29 montre pour ce scénario les solutions optimales trouvées par les différentes combinaisons métaheuristiques. Pour cette configuration, seules les deux combinaisons (AG/RS et AG/TS), utilisant l'algorithme génétique comme méthode à population pour la résolution du premier niveau de l'*ORPP*, ont proposé l'expansion simultanément aux nœuds de Bechar et Ain-Sefra. Même remarque peut être faite que le cas 3, le volume du compensateur à installer au nœud de Ain-Sefra est relativement faible que celui de Bechar ; ce qui peut être évité par l'ajout d'un coût fixe d'installation et de maintenance.

D'après ce tableau aussi, on réaffirme la supériorité des combinaisons utilisant la stratégie évolutionnaire comme méthode à population pour la résolution du sous-problème de fonctionnement. Les combinaisons SE/RS et SE/RT ont optimisées respectivement les coûts totaux à 11.43 et 11.44, ce qui a correspondu à des taux de réduction de pertes actives de 12.62% et 12.72%.

Pour cette configuration la plus sévère, on constate bien que le volume total des compensateurs à installer est le plus important comparativement aux autres cas de configurations ce qui approuve le choix des planificateurs. En plus, on obtient dans ce cas le meilleur taux de minimisation de pertes actives, ce qui peut être justifié physiquement par l'absence totale de la circulation de la puissance active dans la double ligne qui lie Ain-Sefra à Bechar.

Pour deux combinaisons différentes, on peut aboutir aux mêmes valeurs de pertes actives tandis que les volumes des compensateurs à installer sont différents comme c'est le cas pour les combinaisons métaheuristiques AG/RT et SE/RS. Pour ces deux combinaisons, les valeurs attribuées aux variables de contrôle ne sont pas les mêmes et ainsi on vérifie que la fonction objectif du sous-problème de fonctionnement admet plusieurs minimums.

Tableau 5.29 Solutions optimales obtenues pour le cas 4 (Réseau Algérien 114 noeuds).

Combinaison	Noeuds	Puissance réactive installée ($MVar$)	Compensation Totale ($MVar$)	Pertes actives (MW)	Coût total
AG/RS	Bechar	-20.36	-23.55	56.35	11.56
	Ain-Sefra	-3.19			
AG/RT	Bechar	-26.72	-28.78	55.95	11.51
	Ain-Sefra	-2.06			
SE/RS	Bechar	-20.38	-20.38	55.95	11.43
	Ain-Sefra	0.0			
SE/RT	Bechar	-21.33	-21.33	55.90	11.44
	Ain-Sefra	0.0			
OEP/RS	Bechar	-19.44	-19.44	57.39	11.81
	Ain-Sefra	0.0			
OEP/RT	Bechar	-20.31	-20.31	56.57	11.58
	Ain-Sefra	0.0			

D'après le tableau 5.30, on constate que le profil de tension est amélioré aux différents nœuds de charge et que grâce à la compensation inductive installée, les surtensions aux nœuds de Bechar et Ain-Sefra ont été nettement atténuées.

Tableau 5.30 Amplitudes de tensions (*p.u.*) aux nœuds les plus affectés avant et après optimisation du cas 4 (Réseau Algérien 114 noeuds).

Nœuds	Avant compensation	Après compensation					
		AG/RS	*AG/RT*	*SE/RS*	*SE/RT*	*OEP/RS*	*OEP/RT*
12	1.2564	1.0807	1.0687	1.0810	1.0792	1.0766	1.0798
13	1.2035	1.0796	1.0827	1.0800	1.0803	1.0739	1.0787
49	0.9430	1.0210	0.9489	1.0058	1.0273	0.9685	1.0281
54	0.9452	0.9974	0.9748	1.0153	1.0180	1.0111	1.0102
55	0.9264	0.9928	0.9679	1.0065	1.0104	1.0068	0.9923
56	0.9225	0.9985	0.9557	1.0190	1.0219	1.0238	1.0171
66	0.9378	0.9958	1.0029	1.0113	1.0069	1.0059	1.0071
89	0.9374	1.0409	1.0419	1.0413	1.0410	1.0391	1.0537
91	0.9241	1.0529	1.0688	1.0619	1.0648	1.0663	1.0576
92	0.9084	1.0402	1.0564	1.0494	1.0524	1.0539	1.0450
93	0.9458	1.0717	1.0873	1.0806	1.0835	1.0849	1.0763

Pour les différentes combinaisons, les modules des tensions aux 15 nœuds générateurs ainsi que les rapports des 16 transformateurs régleurs en charge avant et après compensation sont présentés respectivement dans les tableaux 5.31 et 5.32.

Tableau 5.31 Amplitudes de tensions (*p.u.*) aux nœuds de contrôle avant et après optimisation du cas 4 (Réseau Algérien 114 noeuds).

Nœuds	Avant compensation	Après compensation					
		AG/RS	*AG/RT*	*SE/RS*	*SE/RT*	*OEP/RS*	*OEP/RT*
1*	1.0900	1.0350	1.0465	1.0240	1.0257	1.0092	1.0211
5	1.0500	1.0458	1.0690	1.0584	1.0731	1.0494	1.0515
11	1.0500	1.0031	1.0239	1.0006	1.0031	1.0000	1.0000
15	1.0400	1.0695	1.0630	1.0094	1.0991	1.0995	1.0288
17	1.0800	1.0746	1.0685	1.0679	1.0726	1.0712	1.0674
19	10300	1.0797	1.0783	1.0998	1.0730	1.1000	1.1000
22	1.0400	1.0884	1.0807	1.0819	1.0942	1.0996	1.1000
52	1.0500	1.0730	1.0816	1.0996	1.0716	1.0000	1.0647
80	1.0800	1.0628	1.0543	1.0973	1.0745	1.1000	1.0934
83	1.0500	1.0718	1.0828	1.0920	1.0838	1.1000	1.0925
98	1.0500	1.0924	1.0907	1.0805	1.0980	1.0997	1.0454
100	1.0800	1.0966	1.0960	1.0999	1.0961	1.1000	1.0952
101	1.0800	1.0935	1.0941	1.0916	1.0894	1.0757	1.0874
109	1.0500	1.0980	1.0882	1.0930	1.0910	1.1000	1.0883
111	1.0200	1.0639	1.0812	1.0730	1.0783	1.0854	1.0804

*: Nœud balancier

Tableau 5.32 Rapports de transformation des régleurs en charge avant et après optimisation du cas 4 (Réseau Algérien 114 noeuds).

Trans.	Avant compensation	Après compensation					
		AG/RS	*AG/RT*	*SE/RS*	*SE/RT*	*OEP/RS*	*OEP/RT*
18-17	1.0300	1.0493	1.0659	1.0557	1.0547	1.0330	1.0868
21-20	1.0300	0.9821	1.0166	0.9909	0.9845	0.9738	0.9864
27-26	1.0300	0.9326	0.9674	0.9066	0.9295	0.9000	0.9384
28-26	1.0300	1.0273	0.9819	0.9952	0.9944	0.9990	0.9636
31-30	1.0300	1.0060	1.0109	0.9586	0.9665	0.9567	0.9722
42-41	1.0300	0.9307	1.0032	0.9338	0.9187	0.9525	0.9147
44-43	1.0300	0.9356	0.9596	0.9253	0.9226	0.9103	0.9498
48-47	1.0300	0.9735	1.0077	0.9780	0.9631	1.0015	0.9449
58-57	1.0300	0.9426	0.9974	0.9170	0.9168	0.9000	0.9106
60-59	1.0300	0.9833	0.9847	0.9556	0.9564	0.9431	0.9525
64-63	1.0300	0.9418	0.9366	0.9221	0.9331	0.9242	0.9333
72-71	0.9200	0.9837	0.9491	0.9458	0.9508	0.9548	0.9546
74-76	1.0300	1.0566	1.0294	0.9582	1.0450	0.9305	0.9644
80-88	0.9800	0.9143	0.9381	0.9199	0.9095	0.9511	0.9295
81-90	0.9500	0.9065	0.9152	0.9167	0.9147	0.9233	0.9001
86-93	1.0300	0.9342	0.9229	0.9329	0.9265	0.9307	0.9375

Pour la combinaison métaheuristique SE/RS, les histogrammes dans les figures 5.2 et 5.3 représentent respectivement les volumes des compensateurs à installer et les pertes actives après compensation pour chacun des tests du réseau Algérien. On constate bien que plus la ligne radiale devient sous-chargée, plus les surtensions deviennent importantes et plus les pertes actives diminuent. Par conséquent, le volume de compensation devient important.

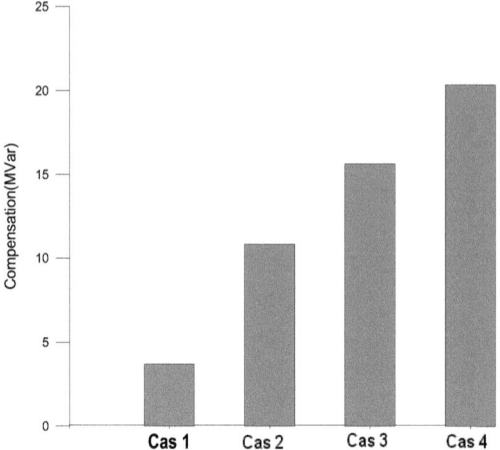

Figure 5.2 Volume de compensation à installer pour différents cas pour la combinaison SE/RS (Réseau Algérien 114 noeuds).

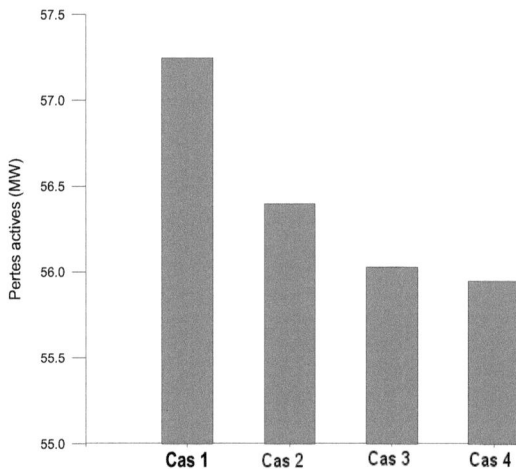

Figure 5.3 Variation des pertes actives pour différents cas pour la combinaison SE/RS (Réseau Algérien 114 noeuds).

5.5 Conclusion

Dans ce chapitre, nous avons validé les différents programmes, utilisant des combinaisons métaheuristiques, élaborés pour la planification des moyens de compensation en énergie réactive sur un réseau d'énergie électrique aussi bien en situation normale que face à des incidents venant perturber le réseau.

Les applications faites sur différents réseaux modèles (IEEE 14 et 57 noeuds) ainsi que sur le réseau national algérien (114 noeuds), nous permettent de tirer quelques conclusions:

> La méthode de décomposition proposée utilisant différentes combinaisons métaheuristiques donne des résultats meilleurs que ceux obtenus par la décomposition de Benders utilisant une méthode conventionnelle d'optimisation locale, qui n'assure la convergence que vers l'optimum local le plus proche. Les solutions obtenues alors par les différentes combinaisons offrent de meilleures performances pour un investissement plus conséquent.

> Etant donné que la stratégie évolutionnaire a été la mieux classée dans les méthodes à population, les combinaisons SE/RS et SE/TS ont donné les meilleurs résultats comparativement aux autres combinaisons.

> Pour toutes les combinaisons et après compensation, le profil de tension est amélioré tout en respectant les contraintes sur les variables d'état du système, ce qui n'est pas le cas pour la décomposition de Benders.

> Le compromis coût sécurité peut être réglé en faisant un choix judicieux des facteurs de pondération et de pénalisation.

> Investir plus peut améliorer le fonctionnement du réseau, seul l'opérateur peut fixer le volume de l'investissement qu'il peut effectuer en faisant un compromis entre les performances qu'il veut atteindre et le prix à payer.

> Les nœuds candidats à l'expansion ne sont pas nécessairement les nœuds les plus affectés du point de vue module de tension, ce qui montre la particularité et l'efficacité du critère de sélection proposé.

> Selon le cas étudié, l'expansion peut être capacitive ou inductive, ce qui valide la formulation du problème de l'*ORPP* considéré.

> Pour améliorer les résultats de l'*ORPP*, il est dûment nécessaire de considérer les frais d'installation et de maintenance des nouveaux compensateurs par un coût fixe ajouté au coût d'investissement.

- Le nombre de noeuds sélectionnés pour la candidature est un problème non critique pour la convergence du problème global.

- Le réglage des paramètres des métaheuristiques utilisées dans chaque niveau du problème est d'importance majeure pour assurer la convergence vers l'optimum global, et donc vers de meilleurs résultats.

- Puisque la taille du sous-problème d'investissement est relativement petite par rapport à la taille du sous-problème de fonctionnement, alors le temps d'exécution nécessaire pour résoudre le deuxième niveau du programme est plus petit comparativement à celui du premier niveau du programme.

- Le temps d'exécution total augmente considérablement avec:
    - la taille de réseau,
    - le nombre de variables de contrôle,
    - le nombre d'itérations du programme global.

Conclusion générale

Dans ce travail, nous avons présenté la formulation mathématique globale pour une localisation optimale des moyens de compensation de l'énergie réactive dans un réseau d'énergie électrique. Le problème de planification de l'énergie réactive (*ORPP*) vise à maintenir l'intégrité du système fonctionnant en régime normal ou quand il est sujet à un ensemble d'incidents.

Deux aspects, de fonctionnement et d'investissement, apparaissent dans la formulation globale du problème. Sur cette base, nous avons exploité cette structure pour décomposer le problème complet de l'*ORPP* en deux sous-problèmes.

Le problème d'optimisation est ainsi réduit en un premier sous-problème de fonctionnement qui n'est autre qu'un écoulement optimal de puissance réactive. Ce premier niveau optimise les pertes actives du réseau tout en ajustant les variables de contrôle responsables de l'ajustement de la puissance réactive.

Dans le deuxième niveau, la somme pondérée des coûts de fonctionnement et d'investissement est optimisée dont le vecteur paramètre est constitué des variables d'investissement représentant les nouvelles sources d'énergie réactive à installer.

Pour voir les avantages offerts par l'utilisation des nouvelles techniques, nous nous sommes intéressés à l'application de plusieurs métaheuristiques à la résolution de chacun des niveaux non linéaire du problème global de l'*ORPP*. A cette fin, nous avons proposé une combinaison simultanée de deux métaheuristiques, l'une à population pour le premier niveau et l'autre à parcours pour le deuxième niveau. Les deux niveaux du programme s'alternent jusqu'à la convergence globale.

En régime d'incidents, le mode de réajustement des moyens de compensation correctif, a été considéré pour une expansion quantitative et qualitative de l'énergie réactive dans un réseau électrique. A cause des difficultés techniques de programmation, le modèle continu est le seul type de modélisation des moyens de compensation considéré.

Le point fort de ce travail réside dans l'expansion qualitative des moyens de compensation assurée par un critère, basée sur les coefficients de Lagrange, que nous avons proposé pour la sélection de l'ensemble des noeuds candidats.

Les différents programmes, utilisant les combinaisons métaheuristiques, élaborés pour la résolution de l'*ORPP* ont été validés sur les réseaux modèles IEEE 14 et 57 noeuds aussi bien en situation normale que face à des incidents venant perturber le réseau.

D'autre part, l'aspect pratique de ce travail est l'application faite sur le réseau national à 114 noeuds. Les tests ont concerné particulièrement la ligne radiale Saida-Bechar via Ain-Sefra (520 Km). Dans le cas le plus sévère, le meilleur résultat obtenu par la combinaison SE/RS montre qu'une compensation inductive de 21 MVArs environ doit être installée à Bechar.

De plus, en appliquant les différentes combinaisons métaheuristiques, pour la résolution du problème de l'optimisation de puissance réactive, les différents résultats obtenus nous ont permis de constater que:

- Ces métaheuristiques permettent une expression naturelle du problème étudié et un traitement efficace des contraintes sans aucune restriction sur leur forme du moment où aucune analyse n'est effectuée (gradient, lagrangien).

- La combinaison de l'aspect de convergence globale assuré par une métaheuristique à population et l'aspect de convergence locale fourni par une métaheuristique à parcours, permet d'obtenir les solutions les plus optimales.

L'avantage majeur de ces métaheuristiques reste leur robustesse, puisque les mêmes algorithmes peuvent être utilisés pour différents problèmes. Leur inconvénient majeur est leur incapacité à opérer en temps réel, du au temps de calcul qu'ils nécessitent. Mais il reste qu'ils sont excellents dans les applications off-line tels que les problèmes de planification.

Au delà de ce travail et des résultats satisfaisants obtenus, il reste cependant quelques questions qui pourraient faire l'objet d'effort et d'investissement. A notre point de vue, ces résultats peuvent encore être améliorés à travers l'étude et le traitement des points suivants:

➢ Injecter un coût fixe indépendant du volume du compensateur à installer dans la formulation de la fonction objectif du sous-problème d'investissement pour une solution plus attractive.

➢ Proposition dans une première phase d'un mouvement optimal des moyens compensations de puissance réactive existants dans l'attente de la disponibilité de nouveaux ouvrages.

➢ Introduction de l'optimisation de l'écoulement de puissance active par une répartition optimale des marges de génération pour pouvoir faire plusieurs tests sur un même réseau pour différents régimes de base.

- Traiter la modélisation discrète des compensateurs en développant des programmes du recuit simulé et de la recherche taboue pour des variables entières.
- Etendre l'étude à l'amélioration du fonctionnement dans les modes dynamiques et transitoires en examinant l'effet des dispositifs FACTS (*SVC, STATCOM, UPFC*).
- Optimisation des paramètres de chacune des métaheuristiques de base, et ceci n'est guère simple, car il n'y a aucune règle qui garantit cette optimalité des paramètres nombreux et parfois objet de compromis.
- Utilisation des métaheuristiques hybrides ou des algorithmes mémétiques au lieu des métaheuristiques de base pour chacun des niveaux du problème.

Bibliographie

[1] EPRI, "Optimization of Reactive Volt-Ampere Sources in System Planning" Prepared by Scientific Systems, Inc. (SSI), Report EL-3729 November 1984.

[2] J. Carpentier, "Contribution à l'Etude du Dispatching Economique", Bulletin de la Société Française des Electriciens, sér. 8, vol. 3, pp. 431-447, 1962.

[3] Cova, Bruno, Nicola Lossignore, Paolo Marannino, Mario hlontâgna, "Voltage Constrained Optimal Reactive Power Flow Procedures for Voltage Control in Planning and Operation", IEEE Trans. on Power Systems, vol. 10, No.2, pp. 602-605, May 1995.

[4] S. Salamat Sharif, J.H. Taylor, E.F. Hill, "A Real-Time Implementation of Optimal Reactive Power Flow", Proc. Canadian Conference on Electrical and Computer Engineering, Waterloo, on May 1998.

[5] O. Alsac, J. Bright, M. Prais, B. Stott, "Further Developments in LP-Based Optimal Power Flow", IEEE Trans. on PWRS, vol. 5, No. 3, pp. 697-711, August 1990.

[6] Wenjuan Zhang, Leon M. Tolbert, "Survey of Reactive Power Planning Methods", IEEE Power Engineering Society, General Meeting, San Francisco, California, pp. 1580-1590, June 12-16, 2005.

[7] F. F. Wu, G. Gross, J. F. Luini, P. M. Look, "A Two-stage Approach To Solving Large-scale Optimal Power Flows", Power Industry Computer Applications Conference, 1979, PICA-79, IEEE Conference Proceedings, May 15-18, 1979, pp. 126–136.

[8] G. Blanchon, J.C. Dodu, "Une Méthode de Décomposition de Type Benders pour la Planification des Moyens de Compensation de l'Énergie Réactive." Collection des notes internes de la Direction des Études et Recherches d'Électricité de France, note 92NIR007, Mai 1992.

[9] V. Ajjarapu, P.L. Lau, S. Battula, "An Optimal Reactive Power Planning Strategy Against Voltage Collapse", IEEE Trans. on PWRS, vol. 9, No. 2, pp. 906-917, May 1994.

[10] R.A. Fernandes, F. Lange, R.C. Burchett, H.H. Happ, K.A. Wirgau, "Large Scale Reactive Power Planning", IEEE Trans. on PAS., vol. PAS-102, No. 5, pp. 1083-1088, May 1983.

[11] S. Granville, M.V.F. Pereira, A. Monticelli, "An Integrated Methodology for VAR Sources Planning" IEEE Transactions on Power Systems, vol. 3, N°2, pp. 549-557, May 1988.

[12] S. Granville, M.C.A. Lima, "Application of Decomposition to Var Planning: Methodological & Computational Aspects", IEEE Trans. on PWRS, vol. 9, No. 4, pp. 1780-1787, November 1994.

[13] W.M. Lebow, R. Rouhani, R. Nadira, P.B. Usoro, R.K. Mehra, D.W. Sobieski, M.K. Pal, M.P. Bhavaraju, "A Hierarchical Approach to Reactive Volt Ampere (VAR) Optimization in System Planning". IEEE Trans. on PAS, vol. PAS-104, No. 8, pp. 2051-2057, August 1985.

[14] R. Nadira, W.M. Lebow, P.B. Usoro, "A Decomposition Approach to Preventive Planning Of Reactive Volt Ampere (VAR) Source Expansion", IEEE Trans. on Power Systems, vol. 2, No. 1., pp. 72-77, February 1987.

[15] R. Rouhani, W. Lasdon, L. Lebow, A.D. Warren, "A Generalized Benders Decomposition Approach to Reactive Source Planning in Power Systems", Math. Progr. Study, vol. 25, pp. 62, 1985.

[16] S.S. Sachdeva and R. Billinton, "Optimum Network VAR Planning by Nonlinear Programming", IEEE Trans. on PAS-92, pp. 1217-1225, 1973.

[17] K. H. Abdul-Rahman, S. M. Shahidehpour, "Application of Fuzzy Sets to Optimal Reactive Power Planning with Security Constraints", Power Industry Computer Application Conference, pp. 124–130, 4-7 May 1993.

[18] N. I. Deeb, S. M. Shahidehpour, "Cross Decomposition for Multi-area Optimal Reactive Power Planning", IEEE Trans. on PAS, vol. 8, No. 4, pp. 1539–1544, Nov. 1993.

[19] C. J. Parker, I. F. Morrison, D. Sutanto, "Application of an Optimisation Method for Determining the Reactive Margin from Voltage Collapse in Reactive Power Planning", IEEE Trans. on PAS, vol. 11, no. 3, pp. 1473–1481, Aug.1996.

[20] B. Kermanshahi, K. Takahashi, Y. Zhou, "Optimal Operation and Allocation of Reactive Power Resource Considering Static Voltage Stability", Proceedings, POWERCON '98. 1998 International Conference on Power System Technology, vol. 2, pp. 1473–1477 , 18-21 Aug. 1998.

[21] W. R. Thomas, A. M. Dixon, D. T. Y. Cheng, R. M. Dunnett, G. Schaff, J. D. Thorp, "Optimal Reactive Planning with Security Constraints", IEEE Power Industry Computer Application Conference, pp. 79–84,7-12 May 1995.

[22] K. Aoki, M. Fan, A. Nishikori, "Optimal VAr Planning by Approximation Method for Recursive Mixed-Integer Linear Programming", IEEE Trans. on PAS, vol. 3, No. 4, pp. 1741–1747, Nov. 1988.

[23] T. Gomez, J. Lumbreras, V.M. Parra, "A Security-Constrained Decomposition Approach to Optimal Reactive Power Planning", IEEE Trans. on Power Systems, vol. 6, No. 3, August 1991, pp. 1069-1076.

[24] Y.-Y. Hong, D. I. Sun, S.-Y. Lin, C.-J. Lin, "Multi-year Multi-case Optimal VAR Planning," IEEE Trans. on PAS, vol. 5, No. 4, pp. 1294–1301, Nov. 1990.

[25] Y.-T. Hsiao, C.-C. Liu, H.-D. Chiang, Y.-L. Chen, "A New Approach for Optimal VAr Sources Planning in Large Scale Electric Power Systems", IEEE Trans. on PAS, vol. 8, No. 3, pp. 988–996, Aug. 1993.

[26] Y.-T. Hsiao, H.-D. Chiang, C.-C. Liu, Y.-L. Chen, "A Computer Package for Optimal Multi-objective VAr Planning in Large Scale Power Systems", IEEE Trans. on PAS, vol. 9, No. 2, pp. 668–676, May 1994.

[27] A. J. Urdaneta, J. F. Gomez, E. Sorrentino, L. Flores, R. Diaz, "A Hybrid Genetic Algorithm for Optimal Reactive Power Planning Based Upon Successive Linear Programming", IEEE Trans. on PAS, vol. 14, No. 4, pp. 1292–1298, Nov. 1999.

[28] V. Ajjarapu, P. L. Lau, S. Battula, "An Optimal Reactive Power Planning Strategy Against Voltage Collapse", IEEE Trans. on PAS, vol. 9, No.2, pp. 906–917, May 1994.

[29] W. M. Refaey, A. A. Ghandakly, M. Azzoz, I. Khalifa, O. Abdalla, "A Systematic Sensitivity Approach for Optimal Reactive Power Planning", North American Power Symposium, pp. 283–292, 15-16 Oct. 1990.

[30] K. R. C. Mamandur, R. D. Chenoweth, "Optimal Control of Reactive Power Flow for Improvements in Voltage Profiles and for Power Loss Minimization", IEEE Trans. on PAS, vol. 100, No. 7, pp. 3185–3193, July 1981.

[31] M. Yehia, R. Ramadan, Z. El-Tawail, K. Tarhini, "An Integrated Technico-Economical Methodology for Solving Reactive Power Compensation Problem", IEEE Trans. on PAS, vol. 13, No. 1, pp. 54–59, Feb. 1998.

[32] N. Deeb, S. M. Shahidehpour, "Linear Reactive Power Optimization in a Large Power Network Using the Decomposition Approach", IEEE Trans. on PAS, vol. 5, No. 2, pp. 428–438, May 1990.

[33] V. Ajjarapu, Z. Albanna, "Application of Genetic Based Algorithms to Optimal Capacitor Placement", Proceedings of the First International Forum on Applications of Neural Networks to Power Systems, pp. 251 – 255, 23-26 July 1991.

[34] K. Iba, "Reactive Power Optimization by Genetic Algorithm", Power Industry Computer Application Conference, pp. 195–201, 4-7 May 1993.

[35] J. Z. Zhu, C. S. Chang, W. Yan, G. Y. Xu, "Reactive Power Optimisation using an Analytic Hierarchical Process and a Nonlinear Optimisation Neural Network Approach", IEE Proceedings Generation, Transmission, and Distribution, vol. 145, No. 1, pp. 89–97, Jan. 1998.

[36] K H. Abdul-Rahman, S. M. Shahidehpour, M. Daneshdoost, "AI Approach to Optimal VAr Control with Fuzzy Reactive Loads", IEEE Trans. on PAS, vol. 10, No. 1, pp. 88–97, Feb. 1995.

[37] M. Negnevitsky, R. L. Le, M. Piekutowsky, "Voltage Collapse: Case Studies", Power Quality, 1998, pp. 7–12.

[38] P. R. Gribik, D. Shirmohammadi, S. Hao, C. L. Thomas, "Optimal Power Flow Sensitivity Analysis", IEEE Trans. on PAS, vol. 5, No. 3, pp. 969–976, Aug. 1990.

[39] K.H. Abdul-Rahman, S.M. Shahidepour, "A Fuzzy-Based Optimal Reactive Power Control", IEEE Trans. on PWRS, vol. 8, No. 2, pp- 662-670, May 1993.

[40] K.H. Abdul-Rahman, S.M. Shahidepour, "Reactive Power Optimization Using Fuzzy Load Representation", IEEE Trans. on PWRS, vol. 9, No. 2, pp. 598-905, May 1994.

[41] C.J. Bridenbaugh, D.A. DiMascio, R. D'Aquila, "Voltage Control Improvement through Capacitor and Transformer Tap Optimization", IEEE Trans. on PWRS, vol. 7, No. 1, pp. 222-227, February 1992.

[42] R.C. Burchett, H.H. Happ, K. A. Wirgau, "Large Scale Optimal Power Flow", IEEE Trans. on PAS, vol. 101, No. 11, pp. 3722-3732, October 1982.

[43] P. A. Chamorel, A. J. Germond, "Optimal Voltage and Reactive Power Control in an Interconnected Power System with Linear Programming", CIGRE Study Committee 98, Montreaux, Switzerland, 1983.

[44] B. Chul, B.G. Shin, "Development of the Loss Minimization Function for Real Time Power System Operations: A New Tool", IEEE Trans. on PWRS, vol. 9. No. 4, pp. 2028-2034, Nov. 1994.

[45] S. Corsi, P. Marannino, N. Losignore, G. Moreschini, G. Piccini, "Coordination between the Reactive Power Scheduling Function and the Hierarchical Voltage Control of the EHV ENEL System", IEEE Trans. on PWRS, vol. 10. No. 2, pp. 686-694, May 1995.

[46] H. Glavitsch, M. Spoerry, "Quadratic Loss Formula for Reactive Dispatch", IEEE Trans. on Power App. and Syst., vol. PAS-102, No. 12, pp. 3850-3858, December 1983.

[47] H. Happ, K. Wirgau, "Static and Dynamic VAR Compensation in System Planning", IEEE Trans. on PAS, vol. PAS-97, N°5, pp. 1083-1088, Sept/Oct 1978.

[48] Y-Y. Hong, C-M. Liao, "Short-term Scheduling of Reactive Power Controllers", IEEE Trans. on PWRS, vol. 10, No. 2, pp. 860-868, May 1995.

[49] K.R.C. Mamandur, R.D. Chenoweth, "Optimal Control of Reactive Power Flow for Improvements in voltage profiles and for Real Power Loss Minimization", IEEE Trans. on PAS, vol. PAS-100, No. 7, pp. 3185-3194, July 1981.

[50] J. Qiu, S.M. Shahidehpour, "A New Approach for Minimizing Power Losses and Improving Voltage Profile", IEEE Trans. on PWRS, vol. 2, No. 2, pp. 287-295, May 1987.

[51] S. Salamat Sharif, J.H. Taylor, E.F. Hill, " On-Line Optimal Reactive Power Flow by Energy Loss Minimization", IEEE Conference on Decision and control, Kobe. Japan, December 1996.

[52] S. Salamat Sharif, J.H. Taylor, "MINLP Formulation of Optimal Reactive Power Flow", Proc. American Control Conference, Albuquerque, NM , USA, pp. 1974- 1978, June 1997.

[53] B. Stott, O. Alsac, "Experience with Successive Linear Programming for Optimal Rescheduling of Active and Reactive Power", paper 104-01, presented at the CIGRE-IFAC Symp. on Control Applications to Power System Security, Florence, Italy, Sept. 1983.

[54] D. T-W. Sun, R.R. Shoults, "A Preventive Strategy Method for Voltage and Reactive Power Dispatch" IEEE Trans. on PAS, vol. PAS-104, No. 7, pp. 1670-1676, July 1985.

[55] L.D.B. Terra, M.J. Short, "Security-Constrained Reactive Power Dispatch", IEEE Trans. on Power Systems, vol. 6, No.1, pp. 109-117, February 1991.

[56] S.A. Soman, K. Parthasarathy, D. Thukaram, "Curtailed Number And Reduced Controller Movement Optimization Algorithms For Real Time Voltage/Reactive Power Control", IEEE Trans. on PWRS, vol. 9, No. 4, pp. 2033-2041, November 1994.

[57] Q. H. Wu, J. T. Ma, "Power System Optimal Reactive Power Dispatch using Evolutionary Programming", IEEE Trans. on Power Systems, vol. 10, pp. 1243-1249, August 1995.

[58] R.Yokoyama, T. Niimura, Y. Nakanishi, "A Coordinated Control of Voltage and Reactive Power by Heuristic Modelling and Approximate Reasoning", IEEE Trans. on PWRS, vol. 2 pp. 636-645, May 1993.

[59] Chen, Yuan-Lin and Chun-Chang Liu, "Optimal Multi-objective VAR Planning Using An Interactive Satisfying Method", IEEE Trans. on Power Systems, vol. 10, No. 2, pp. 664-669, May 1995.

[60] J.T. Ma, L. L. Lai, "Evolutionary Programming Approach to Reactive Power Planning", IEE Proceedings- C, Generation, Transmission, and Distribution. vol. 143, No. 4, July 1996, pp. 365-370.

[61] K. Iba, H. Suzuki, K.-I. Suzuki, K. Suzuki, "Practical reactive power allocation/operation planning using successive linear programming", IEEE Trans. on PAS, vol. 3, No. 2, pp. 558–566, May 1988.

[62] S.Arif, A.Hellal, A.Bensenouci, " Méthode de Décomposition de type Benders pour une localisation optimale de la compensation dans un réseau électrique." Proceedings, Special issue AJOT, 2ème Colloque sur l'Electrotechnique et l'Automatique, CEA'94, Alger, Algérie, vol. 1, pp. 68-72, March 1995.

[63] M. Belazzoug, "Répartition Optimale des Sources de Puissance Réactive dans un Réseau Electrique", Thèse de magistère ENP 2001.

[64] S. Arif, "Planification de l'Energie Réactive dans les Réseaux Electriques : Application au Réseau Algérien", Thèse de Magister, Ecole Nationale Polytechnique, Alger, 1995.

[65] A. A. Ladjici " Calcul Evolutionnaire Application sur l'Optimisation de la Planification de la Puissance Réactive", Thèse de Magister, Ecole Nationale Polytechnique, Alger, 2005.

[66] A. M. Geoffrion, "Lagrangean Relaxation for Integer Programming", Mathématico Programming Study, vol. 2, pp. 82–113, 1974.

[67] A. M. Geoffrion, "Generalised Benders Decomposition", Journal of Optimization Theory and Applications, vol. 10, No. 4, pp. 237-260, 1972.

[68] M. P. Kennedy, L. O. Chua, "Neural Networks for Nonlinear Programming", IEEE Trans. on Circuits and Systems, vol. 35, No.5, pp. 554–562, May 1988.

[69] C. Y. Maa, M. A. Shanblatt, "A Two-phase Optimization Neural Network", IEEE Trans. on Neural Netw., vol. 3, No. 6, pp. 1003-1009, 1992.

[70] D. Chattopadhyay, K. Bhattacharya, J. Parikh, "Optimal Reactive Power Planning and its Spot-pricing: an Integrated Approach", IEEE Trans. on PAS, vol. 10, No. 4, pp. 2014–2020, Nov. 1995.

[71] J. A. Momoh, J. Zhu, "A new approach to VAr Pricing and Control in the Competitive Environment", Hawaii International Conference on System Sciences, vol. 3, pp. 104–111, 6-9 Jan. 1998.

[72] M. Sevaux , "Métaheuristiques : Stratégies pour l'Optimisation de la Production de Biens et de Services " Habilitation à Diriger des Recherches (HDR), Préparée au Laboratoire d'Automatique, de Mécanique d'informatique Industrielles et Humaines du CNRS (UMR CNRS 8530) dans l'équipe Systèmes de Production, juillet 2004.

[73] S. Kirkpatrick, C.D. Gelatt, M.P. Vecchi, "Optimization by Simulated Annealing", Science, 220: 671-680, 1983.

[74] N. Metropolis, A. Rosenbluth, M. Rosenbluth, A. Teller, E. Teller, "Equation of State Calculations by Fast Computing Machines", Journal of Chemical Physics, 21: 1087-1092, 1953.

[75] E. Bonomi, J.L. Lutton, "The N-City Travelling Salesman Problem, Statistical Mechanics and the Metropolis Algorithm", SIAM Review, 25(4): 551-568, 1984.

[76] R.V. Vidal, "Applied Simulated Annealing", Volume 396 of LNEMS. Springer-Verlag, Berlin, 1993.

[77] C. Koulamas, S.R. Antony, R. Jaen, "A Survey of Simulated Annealing Applications to Operations Research Problems", Omega, 22: 41-56, 1994.

[78] N.E. Collins, R.W. Eglese, B.L. Golden, "Simulated Annealing: An Annotated Bibliography", American Journal of Mathematical and Management Sciences, 8: 209-307, 1988.

[79] M. Pirlot, R.V. Vidal "Simulated Annealing: A Tutorial ", Control & Cybernetics, 25: 9-31, 1996.

[80] IEEE Committee Report, "Tutorial on Modern Heuristic Optimization Techniques with Applications to Power Systems", IEEE Power Engineering Society, 02TP160, 2002.

[81] S. Lundy, A. Mees, "Convergence of an Annealing Algorithm", Mathematical Programming, 34: 111-124, 1986.

[82] D. Connolly, "An improved Annealing Scheme for the Qap", European Journal of Operational Research, 46: 93-100, 1990.

[83] P. Kouvelis, G. Yu, "Robust Discrete Optimisation and its Applications", Volume 14 of Nonconvex Optimization and its Applications, Kluwer Academic Publishers, Dordrecht, 1997.

[84] F. Glover, "Future Paths for Integer Programming and Links to Artificial Intelligence", Computers and Operations Research, 13: 533-549, 1986.

[85] P. Hansen, "The Steepest Ascent Mildest Descent Heuristic for Combinatorial Programming", In Congress on Numerical Methods in Combinatorial Optimization, Capri, Italy, 1986.

[86] F. Glover, "Heuristics for Integer Programming Using Surrogate Constraints", Decision Sciences, 8: 156-166, 1977.

[87] F. Glover, "Tabu Search Part I", ORSA J. Comput, vol. 1, No.3, pp. 190-206, 1989.

[88] F. Glover, "Tabu Search Part II", ORSA J. Comput, vol. 2, No.1, pp. 4-32, 1990.

[89] F. Glover, "Tabu Search: A tutorial", Interface, 20(1): 74-94. Special Issue on the Practice of Mathematical Programming, 1990.

[90] S. Pothiya, P. Tantaswadi, S. Runggeratigul, "Solving the Economic Dispatch Problem Using Multiple Tabu Search Algorithm", The first Conference of International Conference on Systems and Signals (ICSS) I-Shou University, Kaohsiung, Taiwan, April 28-29, 2005.

[91] Z. Michalewicz, "Genetic Algorithms + Data Structures = Evolution Programs", Springer, Berlin, 1999.

[92] R.L. Haupt, S.E. Haupt, "Practical Genetic Algorithm", John Wiley & Sons, New York, 1998.

[93] P. Moscato, "On Evolution, Search, Optimization, Genetic Algorithms and Martial Arts: Towards Memetic Algorithms", Technical Report C3P 826, Caltech Concurrent Computation Program, 1989.

[94] D. E. Goldberg, "Genetic Algorithms in Search, Optimisation and Machine Learning", Addison Wesley, Reading, 1989.

[95] M. Sevaux, S. Dauzère-Pérès, "Building a Genetic Algorithm for a Single Machine Scheduling Problem", In Proceedings of the 18th EURO Winter Institute, ESWI XVIII, Lac Noir, Switzerland, 4-18 March 2000.

[96] K. Kishnakumar, "Micro-Genetic Algorithms for Stationary and Non Stationary Function Optimization", Proc. SPIE Conference On Intelligent Control and Adaptive Systems, pp. 289-297, February 1990.

[97] M. Delfanti, and al, "Optimal Capacitor Placement Using Deterministic and Genetic Algorithms", IEEE Trans. on Power Systems, vol. 15, N°03, August 2000.

[98] Günter Rudolph, "Evolution strategies", Handbook of Evolutionary Computation, Oxford University Press. pp B1.3, 1997.

[99] F. Kursawe, "Towards Self-adapting Evolution Strategies", International Conference on Evolutionary Computation, IEEE, 1995.

[100] D. B. Fogel, "Recombination: Real-valued Vectors", Handbook of Evolutionary Computation, Oxford University Press. pp C3.3.2, 1997.

[101] T.P. Runarsson, X. Yao, "Continuous Selection and Self-adaptive Evolution Strategies", Proc. of the 2002 Congress On Evolutionary Computation, IEEE, 2002.

[102] N. Hansen, A. Ostermeier, "Completely Derandomized Self-Adaptation in Evolution Strategies", Massachusetts Institute of Technology, 2001.

[103] J. Kennedy, R. Eberhart, "Particle Swarm Optimization", in Proceedings of IEEE International Conference on Neural Networks (ICNN'95), vol. 4, pp. 1942-1948, 1995.

[104] J. Kennedy, R. Eberhart, Swarm intelligence, Morgan Kaufmann Publishers, 2001.

[105] N. Sekkiou, D. Hiloufa, "Ecoulement de Puissance Optimal utilisant les Algorithmes Génétiques", PFE U.A.T. Laghouat, Septembre 2003.

[106] M.H. Hiba, A. Mamin, "Ecoulement de Puissance Optimal Réactif utilisant le Recuit Simulé", PFE U.A.T. Laghouat, Octobre 2004.

[107] M. Benazzouz, M. Rahmoune, "Ecoulement de Puissance Réactif Optimal utilisant la Méthode d'Optimisation par Essaim de Particules (Particle Swarm Optimization)", PFE U.A.T. Laghouat, Juin 2005.

[108] T. Belghouini, T. Deba, "La Technique de Tabu Search appliquée au Problème de la Répartition Economique de la Puissance dans un Réseau Electrique", PFE U.A.T. Laghouat, Juin 2005.

[109] M. Lahdeb, " Théorie et Applications de Méthodes d'Hybridations Métaheuristiques dans les Réseaux Electriques ", Thèse de Magister, U.A.T. Laghouat, Septembre 2007.

[110] S. Arif, A. Hellal, A. Choucha, "Ecoulement de Puissance Optimal Réactif utilisant les Algorithmes Génétiques : Application au Réseau Algérien", The First International Conference On Electrical and Electronics Engineering, ICEEE'2004, Laghouat, Algérie, 24-26 April 2004.

[111] S. Arif, A. Hellal, A. Choucha, " Application des Algorithmes Génétiques au Problème d'Ecoulement de Puissance Réactif Optimal : Comparaison avec la méthode du Gradient", Cinquième Conférence Régionale des Comités CIGRE des pays Arabes, Alger, 21-23 Juin, 2004.

[112] S. Arif, A. Hellal, A. Choucha, " Méthode de Recuit simulé Au Problème d'Ecoulement de Puissance Optimal Réactif", ICEL'2005 International Conference on Electrotechnics, Oran, 13-14 Novembre, 2005.

[113] S. Arif, A. Hellal, M. Boudour, "Comparative Study of Various Meta-heuristic Methods to the ORPF Problem Applied to the Algerian Network", IEEE Swarm Intelligence Symposium, Indianapolis, Indiana, USA, May 12-14, 2006.

[114] S. Arif, A. Hellal, A. Choucha, "Méthode d'Essaim de Particules Appliquée à l'Ecoulement Optimal de Puissance Réactive", IMESE'06 International Meeting on Electronics and Electrical Science and Engineering, 2006, Djelfa, Algeria , November 4-6.

[115] S. Arif, J. Duveau, A. Hellal, A. Choucha, " Optimisation par Essaim de particules Appliquée à l'Ecoulement Optimal de Puissance Réactive", Revue Internationale de Génie Electrique, vol. 10/6 – 2007, pp. 777-792, Editions HERMES Science, France.

[116] H.W. Dommel, W.F. Tinney, "Optimal Power Flow Solutions" Trans. on PAS, vol. PAS-87, N°10, pp. 1866-1876, October 1968.

[117] J. D. Weber, "Implementation of A Newton-Based Optimal Power Flow into A Power System Simulation Environment", Master Thesis University of Illinois at Urbana-Champaign, 1997.

[118] B. Stott, O. Alsac, "Fast Decoupled Load Flow", IEEE Trans. on PAS, vol. PAS-93, pp 884-891, 1974.

[119] M. Boumahrat, A. Gourdin, "Méthodes Numériques Appliquées", Edition OPU, 1993.

[120] L.L. Freris, A.M. Sasson, "Investigation of the Load Flow Problem", PROC.IEE, vol. 115, N°10, pp. 1459-1470, October 1968.

[121] A. Hellal, S. Arif, "Benders Decomposition applied to Var Planning of the Algerian Network", Proceedings, MEPCON'97, Alexandria, Egypt, January 4-6, 1997.

[122] A. Hellal, S .Arif, "Planification Préventive et Corrective de l'Energie Réactive dans les Réseaux Electriques", 1er séminaire de Génie Electrique, Biskra, Décembre 1995.

[123] S. Arif, A. Hellal, "Une technique de Décomposition pour la Planification de l'Energie Réactive : Méthodologie et Applications", First Electric and Electronics Engineering Conference, EEEC'2000, Laghouat, Algérie, 06-08 Nov. 2000.

[124] S. Arif, A. Hellal, A. Choucha, "Application de la Technique Tabu Search au Problème de Répartition Economique de Puissance", 1ère Conférence Internationale sur le Transport de l'Electricité en Algérie, 2005, Alger, 17-18 Septembre.

[125] A. Hellal, A. Ladjici, S. Arif, "Approche Multi-objectifs de l'Optimisation de la Planification de la Puissance Réactive par Calcul Evolutionnaire", 1ère Conférence Internationale sur le Transport de l'Electricité en Algérie, Alger, 17-18 Septembre, 2005.

[126] D.I. Sun, B. Ashely, A. Hughes, W.F. Tinney, "Optimal Power Flow by Newton Approach", IEEE Trans. on PAS, vol. PAS-103, N°10, pp. 2864-2880, October 1984.

[127] S.S. Rao, "Optimization: Theory and Applications", John Wiley and Sons Book Company, Second Edition, 1984.

[128] M. Ghezaili, R. Touileb, "Interconnection of Isolated Systems to the National system Saida-Bechar (520 Km)", Conference on the Development and Operation of Large Interconnected Systems, Tunis: 3-5 May, 1993.

Annexe A

Méthode de Gradient Réduit [Dommel and Tinney]

Le problème d'optimisation **Q/V** traité est représenté par le système d'équations suivant:

$$\min_{[U]} f(x,u) \quad \text{(A.1)}$$

sujet à :

$$[g(x,u)] = 0 \quad \text{(A.2)}$$

$$[U^m] \leq [U] \leq [U^M]$$
$$[X^m] \leq [X] \leq [X^M] \quad \text{(A.3)}$$

où :
[X]   vecteur des paramètres d'état du système.
[U]   vecteur des paramètres de contrôle du système.
g(x,u)   équations linéarisées reliant **Q** et **V**.
[U^m], [U^M]   limites inférieures et supérieures respectivement sur les paramètres de contrôle.
[X^m], [X^M]   limites inférieures et supérieures respectivement sur les paramètres d'état.

En utilisant l'optimisation classique des multiplicateurs de Lagrange, le minimum d'une fonction f, avec *[U]* vecteur des variables indépendantes (variables de contrôle) est trouvé en introduisant plusieurs variables auxiliaires λ_i liées aux équations égalités (A.2) et minimiser donc la seule fonction **Lagrangien**:

$$L(x,u) = f(x,u) + [\lambda]^t [g(x,u)] \quad \text{(A.4)}$$

Les coefficients λ_i sont appelés multiplicateurs de Lagrange. En dérivant l'équation (A.4) par rapport à chacune des variables incluant les multiplicateurs de Lagrange, on obtient l'ensemble des conditions nécessaires pour avoir un minimum :

$$\frac{\partial L}{\partial x} = \frac{\partial f}{\partial x} + \left[\frac{\partial g}{\partial x}\right]^t [\lambda] = 0 \qquad (A.5)$$

$$\frac{\partial L}{\partial u} = \frac{\partial f}{\partial u} + \left[\frac{\partial g}{\partial u}\right]^t [\lambda] = 0 \qquad (A.6)$$

$$\frac{\partial L}{\partial \lambda} = g(x,u) = 0 \qquad (A.7)$$

D'après l'équation (A.5), on peut tirer la valeur du vecteur [λ] comme suit:

$$[\lambda] = -\left(\left[\frac{\partial g}{\partial x}\right]^t\right)^{-1}\left[\frac{\partial f}{\partial x}\right] \qquad (A.8)$$

L'expression (A.8) de [λ] substituée dans (A.6) donne:

$$\left[\frac{\partial L}{\partial u}\right] = \left[\frac{\partial f}{\partial u}\right] - \left[\frac{\partial g}{\partial u}\right]^t \left(\left[\frac{\partial g}{\partial x}\right]^t\right)^{-1}\left[\frac{\partial f}{\partial x}\right]$$

$$= \left[\frac{\partial f}{\partial u}\right] - \left(\left[\frac{\partial g}{\partial x}\right]^{-1}\left[\frac{\partial g}{\partial u}\right]\right)^t \left[\frac{\partial f}{\partial x}\right] \qquad (A.9)$$

$$= 0$$

Notons:

$$\left[\frac{\partial L}{\partial u}\right] = [\Delta f] \qquad (A.10)$$

et

$$[S] = -\left[\frac{\partial g}{\partial x}\right]^{-1}\left[\frac{\partial g}{\partial u}\right] \qquad (A.11)$$

où [S] est dite matrice de sensitivité.

On définit alors le vecteur gradient réduit comme étant:

$$[\Delta f] = \left[\frac{\partial f}{\partial u}\right] + [S]^t \left[\frac{\partial f}{\partial x}\right] \qquad (A.12)$$

Ce vecteur a une grande importance. Il est orthogonal aux contours de la fonction objectif pour des valeurs constantes de cette dernière. Il mesure la sensitivité de la fonction objectif pour des variations du vecteur de contrôle *[U]*. Notons que *[∂f/∂u]* seul ne donne aucune information car il ignore les contraintes égalités (A.2) de l'écoulement de puissance.

Etant donné que les équations (A.5) et (A.6) sont non linéaires et ne peuvent être résolues que par des procédures itératives, la méthode utilisée est l'une des méthodes de direction réalisable (feasible direction methods) dite du **gradient réduit**.

L'idée de base est de se déplacer à partir d'une solution réalisable dans la direction de descente (direction opposée du gradient réduit ou "steepest-descent") vers une nouvelle solution réalisable ayant une valeur inférieure de la fonction objectif. En répétant cela dans la direction négative du gradient réduit, la procédure se définit ainsi:

1) Supposer un ensemble de paramètres de contrôle *[U]*,

2) Trouver une solution réalisable par la méthode d'écoulement de puissance découplée rapide,

3) Résoudre l'équation (*A.5*) pour *[λ]*:

$$[\lambda] = -\left(\left[\frac{\partial g}{\partial x}\right]^t\right)^{-1}\left[\frac{\partial f}{\partial x}\right] \quad \text{(A.13)}$$

4) Insérer *[λ]* de (A.13) dans (A.6) et calculer le gradient réduit:

$$[\Delta f] = \left[\frac{\partial f}{\partial u}\right] + [S]^t\left[\frac{\partial f}{\partial x}\right] \quad \text{(A.14)}$$

5) Si *[Δf]* est suffisamment petit, le minimum est atteint, stop.

6) Sinon, trouver un nouvel ensemble de variables de contrôle :

$$[U^{new}] = [U^{old}] + [\Delta U] \quad avec \quad [\Delta U] = -c[\Delta f] \quad \text{(A.14)}$$

où *c* est un scalaire à définir.

7) Retourner à l'étape 1 et recommencer.

Le choix de *c* peut être critique. Seule l'expérience compte pour un bon choix de ce paramètre.

Annexe B

Données des différents réseaux

Annexe B.1 Données du réseau modèle IEEE14 nœuds [120]

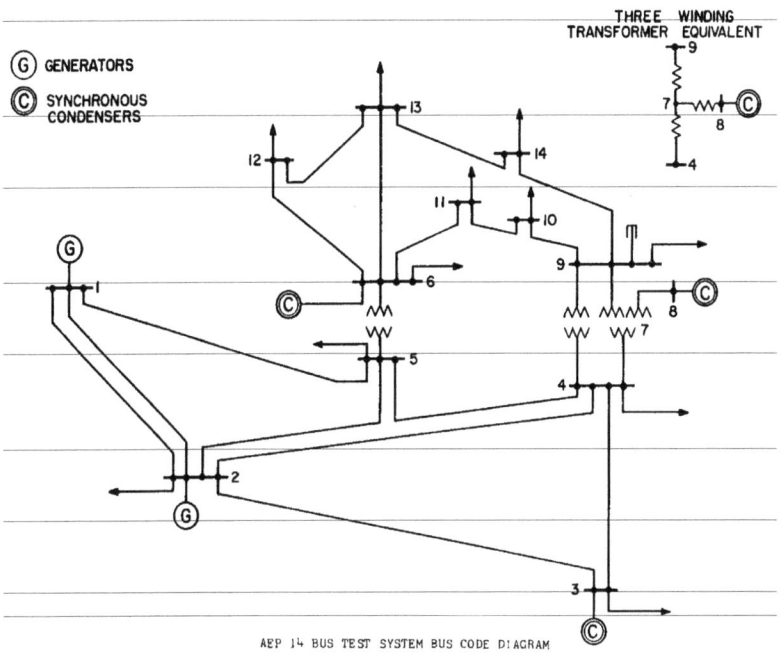

Figure B.1 Topologie du Réseau IEEE 14 nœuds

Tableau B.1 Données des lignes.

Désignation de la ligne	Résistance* (p.u.)	Réactance* (p.u.)	Susceptance* (p.u.)
1-2	0.01938	0.05917	0.0264
1-5	0.05403	0.22304	0.0246

2-3	0.04699	0.19797	0.0219
2-4	0.05811	0.17632	0.0187
2-5	0.05695	0.17388	0.0170
3-4	0.06701	0.17103	0.0173
4-5	0.01335	0.04211	0.0064
4-7	0	0.20912	0
4-9	0	0.55618	0
5-6	0	0.25202	0
6-11	0.09498	0.19890	0
6-12	0.12291	0.25581	0
6-13	0.06615	0.13027	0
7-8	0	0.17615	0
7-9	0	0.11001	0
9-10	0.03181	0.08450	0
9-14	0.12711	0.27038	0
10-11	0.08205	0.19207	0
12-13	0.22092	0.19988	0
13-14	0.17093	0.37802	0

* Résistance, réactance et susceptance en p.u. sur la base de 100000 KVA.

Tableau B.2 Données des noeuds.

Numéro du noeud	Tension initiale		Génération		Charge	
	Module ($p.u.$)	Angle de phase (Deg)	MW	$MVAr$	MW	$MVAr$
1*	1.06	0	0	0	0.0	0.0
2	1.0	0	40	0	21.7	12.7
3	1.0	0	0	0	94.2	19.0
4	1.0	0	0	0	47.8	-3.9
5	1.0	0	0	0	7.6	1.6
6	1.0	0	0	0	11.2	7.5
7	1.0	0	0	0	0.0	0.0
8	1.0	0	0	0	0.0	0.0
9	1.0	0	0	0	29.5	16.6
10	1.0	0	0	0	9.0	5.8
11	1.0	0	0	0	3.5	1.8
12	1.0	0	0	0	6.1	1.6
13	1.0	0	0	0	13.5	5.8
14	1.0	0	0	0	14.9	5.0

* Nœud balancier

Tableau B.3 Données des Transformateurs.

Désignation du Transformateur	Rapport de transformation
4-7	0.978
4-9	0.969
5-6	0.932

Tableau B.4 Données des condensateurs statiques.

Numéro du noeud	Susceptance** (p.u.)
9	0.19

** Susceptance en *p.u.* sur une base de 100000 KVA.

Tableau B.5 Données des Nœuds de Régulation.

Numéro du noeud	Module de tension (p.u.)	Qmin (*MVAr*)	Qmax (*MVAr*)
2	1.045	-40	50
3	1.040	0	40
6	1.070	-6	24
8	1.090	-6	24

Annexe B.2 : Données du réseau modèle IEEE 57 nœuds [120]

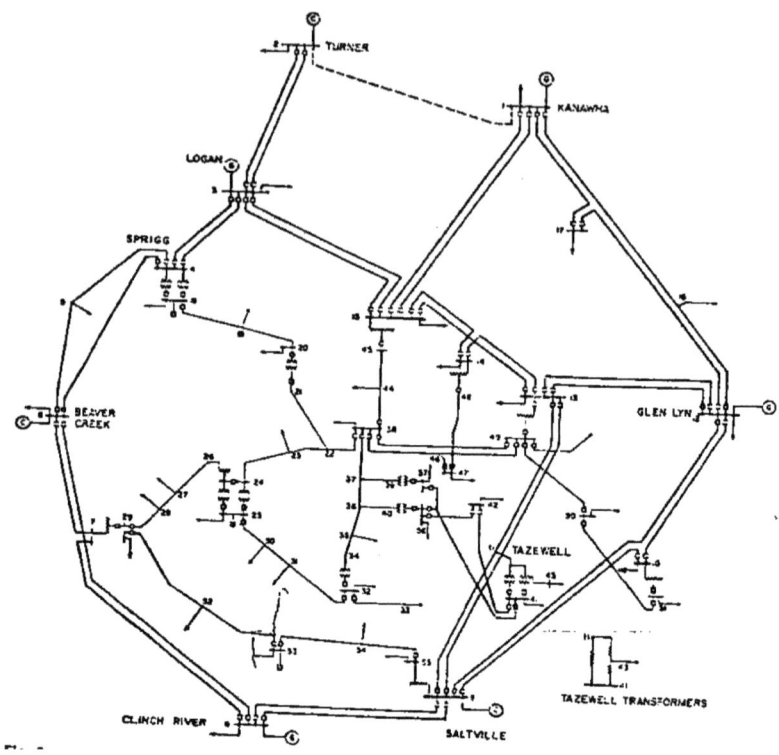

Figure B.2 Topologie du Réseau IEEE 57 nœuds

Tableau B.6 Données des lignes (IEEE 57 nœuds).

Désignation de la ligne	Résistance* (p.u.)	Réactance* (p.u.)	Susceptance* (p.u.)
1-2	0.0083	0.0280	0.0645
2-3	0.0298	0.0850	0.0409
3-4	0.0112	0.0366	0.0190
4-5	0.0625	0.1320	0.0129
4-6	0.0430	0.1480	0.0174
6-7	0.0200	0.1020	0.0138
6-8	0.0339	0.1730	0.0235
8-9	0.0099	0.0505	0.0274

Annexe B.2

9-10	0.0369	0.1679	0.0220
9-11	0.0258	0.0848	0.0109
9-12	0.0648	0.2950	0.0386
9-13	0.0481	0.1580	0.0203
13-14	0.0132	0.0434	0.0055
13-15	0.0269	0.0869	0.0115
1-15	0.0178	0.0910	0.0494
1-16	0.0454	0.2060	0.0273
1-17	0.0238	0.1080	0.0143
3-15	0.0162	0.0530	0.0272
4-18	0.0000	0.5550	0.0000
4-18	0.0000	0.4300	0.0000
5-6	0.0302	0.0641	0.0062
7-8	0.0139	0.0712	0.0097
10-12	0.0277	0.1262	0.0164
11-13	0.0223	0.0732	0.0094
12-13	0.0178	0.0580	0.0302
12-16	0.0180	0.0813	0.0108
12-17	0.0397	0.1790	0.0238
14-15	0.0171	0.0547	0.0074
18-19	0.4610	0.6850	0.0000
19-20	0.2830	0.4340	0.0000
21-20	0.0000	0.7767	0.0000
21-22	0.0736	0.1170	0.0000
22-23	0.0099	0.0152	0.0000
23-24	0.1660	0.2560	0.0042
24-25	0.0000	1.1820	0.0000
24-25	0.0000	1.2300	0.0000
24-26	0.0000	0.0473	0.0000
26-27	0.1650	0.2540	0.0000
27-28	0.0618	0.0954	0.0000
28-29	0.0418	0.0587	0.0000
7-29	0.0000	0.0648	0.0000
25-30	0.1350	0.2020	0.0000
30-31	0.3260	0.4970	0.0000
31-32	0.5070	0.7550	0.0000
32-33	0.0392	0.0360	0.0000
34-32	0.0000	0.9530	0.0000
34-35	0.0520	0.0780	0.0016
35-36	0.0430	0.0537	0.0008
36-37	0.0290	0.0366	0.0000
37-38	0.0651	0.1009	0.0010
37-39	0.0239	0.0379	0.0000
36-40	0.0300	0.0466	0.0000
22-38	0.0192	0.0295	0.0000
11-41	0.0000	0.7490	0.0000
41-42	0.2070	0.3520	0.0000
41-43	0.0000	0.4120	0.0000
38-44	0.0289	0.0585	0.0010
15-45	0.0000	0.1042	0.0000
14-46	0.0000	0.0735	0.0000
46-47	0.0230	0.0680	0.0016
47-48	0.0182	0.0233	0.0000

48-49	0.0834	0.1290	0.0024
49-50	0.0801	0.1280	0.0000
50-51	0.1386	0.2200	0.0000
10-51	0.0000	0.0712	0.0000
13-49	0.0000	0.1910	0.0000
29-52	0.1442	0.1870	0.0000
52-53	0.0762	0.0984	0.0000
53-54	0.1878	0.2320	0.0000
54-55	0.1732	0.2265	0.0000
11-43	0.0000	0.1530	0.0000
44-45	0.0624	0.1242	0.0020
40-56	0.0000	1.1950	0.0000
56-41	0.5530	0.5490	0.0000
56-42	0.2125	0.3540	0.0000
39-57	0.0000	1.3550	0.0000
57-56	0.1740	0.2600	0.0000
38-49	0.1150	0.1770	0.0015
38-48	0.0312	0.0482	0.0000
9-55	0.0000	0.1205	0.0000

* Résistance, réactance et susceptance en $p.u.$ sur la base de 100000 KVA.

Tableau B.7 Données des nœuds (IEEE 57 nœuds).

Numéro du noeud	Tension initiale		Génération		Charge	
	Module ($p.u.$)	Angle de phase (Deg)	MW	$MVAr$	MW	$MVAr$
1*	1.06	0	0	0	55.0	17.0
2	1.0	0	0	0	3.0	88.0
3	1.0	0	40	0	41.0	21.0
4	1.0	0	0	0	0.0	0.0
5	1.0	0	0	0	13.0	4.0
6	1.0	0	0	0	75.0	2.0
7	1.0	0	0	0	0.0	0.0
8	1.0	0	450	0	150.0	22.0
9	1.0	0	0	0	121.0	26.0
10	1.0	0	0	0	5.0	2.0
11	1.0	0	0	0	0.0	0.0
12	1.0	0	310	0	377.0	24.0
13	1.0	0	0	0	18.0	2.3
14	1.0	0	0	0	10.5	5.3
15	1.0	0	0	0	22.0	5.0
16	1.0	0	0	0	43.0	3.0
17	1.0	0	0	0	42.0	8.0
18	1.0	0	0	0	27.2	9.8
19	1.0	0	0	0	3.3	0.6
20	1.0	0	0	0	2.3	1.0
21	1.0	0	0	0	0.0	0.0
22	1.0	0	0	0	0.0	0.0
23	1.0	0	0	0	6.3	2.1
24	1.0	0	0	0	0.0	0.0

25	1.0	0	0	0	6.3	3.2
26	1.0	0	0	0	0.0	0.0
27	1.0	0	0	0	9.3	0.5
28	1.0	0	0	0	4.6	2.3
29	1.0	0	0	0	17.0	2.6
30	1.0	0	0	0	3.6	1.8
31	1.0	0	0	0	5.8	2.9
32	1.0	0	0	0	1.6	0.8
33	1.0	0	0	0	3.8	1.9
34	1.0	0	0	0	0.0	0.0
35	1.0	0	0	0	6.0	3.0
36	1.0	0	0	0	0.0	0.0
37	1.0	0	0	0	0.0	0.0
38	1.0	0	0	0	14.0	7.0
39	1.0	0	0	0	0.0	0.0
40	1.0	0	0	0	0.0	0.0
41	1.0	0	0	0	6.3	3.0
42	1.0	0	0	0	7.1	4.4
43	1.0	0	0	0	2.0	1.0
44	1.0	0	0	0	12.0	1.8
45	1.0	0	0	0	0.0	0.0
46	1.0	0	0	0	0.0	0.0
47	1.0	0	0	0	29.7	11.6
48	1.0	0	0	0	0.0	0.0
49	1.0	0	0	0	18.0	8.5
50	1.0	0	0	0	21.0	10.5
51	1.0	0	0	0	18.0	5.3
52	1.0	0	0	0	4.9	2.2
53	1.0	0	0	0	20.0	10.0
54	1.0	0	0	0	4.1	1.4
55	1.0	0	0	0	6.8	3.4
56	1.0	0	0	0	7.6	2.2
57	1.0	0	0	0	6.7	2.0

* Nœud balancier

Tableau B.8 Données des Transformateurs (IEEE 57 nœuds).

Désignation du Transformateur	Rapport de transformation
4-18	0.9700
4-18	0.9780
21-20	1.0430
24-25	1.0000
24-25	1.0000
24-26	1.0430
7-29	0.9670
34-32	0.9750
11-41	0.9550
15-45	0.9550
14-46	0.9000
10-51	0.9300

13-49	0.8950
11-43	0.9580
40-56	0.9580
39-57	0.9800
9-55	0.9400

Tableau B.9 Données des condensateurs statiques (IEEE 57 nœuds).

Numéro du noeud	Susceptance** ($p.u.$)
18	0.10
25	0.059
53	0.063

** Susceptance en $p.u.$ sur la base de 100000 KVA.

Tableau B.10 Données des Nœuds de Régulation (IEEE 57 nœuds).

Numéro du noeud	Module de tension ($p.u.$)	Qmin ($MVAr$)	Qmax ($MVAr$)
2	1.0100	-17	50
3	0.9900	-10	60
6	0.9800	-8	25
8	1.0100	-140	200
9	0.9800	-3	9
12	1.0200	-50	155

Annexe B.3 : Données du réseau Algérien 114 nœuds

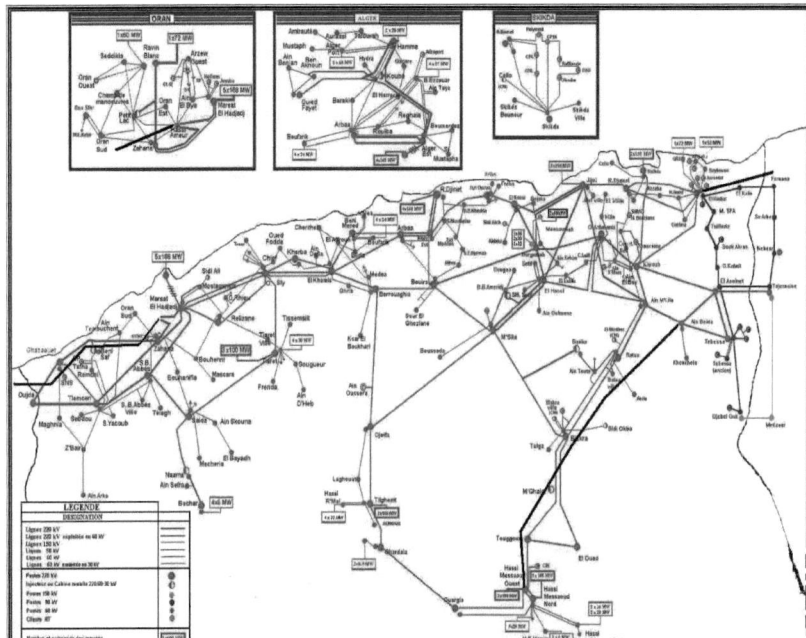

Figure B.3 Topologie du Réseau Algérien (114 nœuds).

Tableau B.11 Données des lignes (Réseau Algérien 114 nœuds).

Numéro du noeud	Nom du noeud	TENSION (kV)	Tension initiale		Génération		Charge	
			Module (p.u.)	Angle de phase (Deg)	MW	MVAr	MW	MVAr
1*	MERSAT EL HADJADJ 1	220	1.07	0	750	400	125	94
2	OUJDA	220	1.0	0	0	0	0	0
3	GHAZAOUET	220	1.0	0	0	0	36	17
4	ZAHANA	220	1.0	0	0	0	64	31
5	MERSAT EL HADJADJ 2	220	1.0	0	300	160	335	250
6	TLEMCEN	220	1.0	0	0	0	78	37
7	SIDI BELABES	220	1.0	0	0	0	55	26
8	RELIZANE	220	1.0	0	0	0	50	24
9	BENI SAF	220	1.0	0	0	0	40	19
10	SAIDA	220	1.0	0	0	0	42	21
11	TIARET	220	1.0	0	160	30	96	47
12	BECHAR	220	1.0	0	0	0	31	15

13	AIN-SEFRA	220	1.0	0	0	0	13	6
14	PETIT LAC 1	220	1.0	0	0	0	0	0
15	RAVIN BLANC	220	1.0	0	60	30	136	65
16	PETIT LAC 2	220	1.0	0	0	0	0	0
17	ALGER EST 1	220	1.0	0	640	400	0	0
18	ALGER EST 2	60	1.0	0	0	0	0	0
19	ALGER PORT	60	1.0	0	100	60	11	5
20	LARBAA 1	60	1.0	0	0	0	14	9
21	LARBAA 2	220	1.0	0	0	0	70	52
22	BAB EZZOUAR	60	1.0	0	60	40	42	25
23	BEN AKNOUN	60	1.0	0	0	0	23	11
24	EL HARRACH	60	1.0	0	0	0	60	36
25	GLACIERE	60	1.0	0	0	0	17	8
26	EL HAMMA 1	60	1.0	0	0	0	55	26
27	EL HAMMA 2	220	1.0	0	0	0	0	0
28	EL HAMMA 3	220	1.0	0	0	0	0	0
29	EL KOUBA	60	1.0	0	0	0	37	18
30	OULED FAYET 1	60	1.0	0	0	0	30	15
31	OULED FAYET 2	220	1.0	0	0	0	0	0
32	ROUIBA 1	60	1.0	0	0	0	40	24
33	ROUIBA 2	60	1.0	0	0	0	29	14
34	TAFOURA	60	1.0	0	0	0	29	14
35	BARAKI	60	1.0	0	0	0	33	16
36	AIN BENIANE	60	1.0	0	0	0	17	8
37	AIN TAYA	60	1.0	0	0	0	11	5
38	AURASSI	60	1.0	0	0	0	20	10
39	EL GOLF	60	1.0	0	0	0	20	10
40	CHLEF	60	1.0	0	0	0	21	10
41	OUED SLY 1	60	1.0	0	0	0	53	32
42	OUED SLY 2	220	1.0	0	0	0	0	0
43	EL KHEMIS 1	60	1.0	0	0	0	31	18
44	EL KHEMIS 2	220	1.0	0	0	0	0	0
45	AIN DEFLA 1	60	1.0	0	0	0	12	6
46	AIN DEFLA 2	60	1.0	0	0	0	0	0
47	KHERBA 1	60	1.0	0	0	0	21	10
48	KHERBA 2	220	1.0	0	0	0	0	0
49	TENES	60	1.0	0	0	0	13	6
50	OUED ELFODA	60	1.0	0	0	0	4	2
51	GHRIB	60	1.0	0	0	0	1	1
52	BOUFARIK	60	1.0	0	80	50	56	27
53	BLIDA	60	1.0	0	0	0	16	8
54	EL AFFROUN	60	1.0	0	0	0	21	10
55	CHERCHEL	60	1.0	0	0	0	18	9
56	MEDEA	60	1.0	0	0	0	33	20
57	BERROUAGHIA 1	60	1.0	0	0	0	35	21
58	BERROUAGHIA 2	220	1.0	0	0	0	0	0
59	BENI MERAD 1	60	1.0	0	0	0	36	17
60	BENI MERAD 2	220	1.0	0	0	0	0	0
61	EL KOLEA	60	1.0	0	0	0	27	13
62	BOUMERDES	60	1.0	0	0	0	22	11
63	TIZI OUZOU 1	60	1.0	0	0	0	49	29
64	TIZI OUZOU 2	220	1.0	0	0	0	0	0
65	FREHA	60	1.0	0	0	0	11	5
66	DRÄA BEN KHEDDA	60	1.0	0	0	0	35	21
67	TIZI MEDDEN	60	1.0	0	0	0	10	5
68	S. E. DJEMÄA	60	1.0	0	0	0	11	5
69	SOR ELGHOZLANE	60	1.0	0	0	0	20	10
70	ILLITEN	60	1.0	0	0	0	7	3

71	BOUIRA 1	60	1.0	0	0	0	36	22
72	BOUIRA 2	220	1.0	0	0	0	0	0
73	SI MUSTAPHA	60	1.0	0	0	0	36	22
74	AIN OUSSARA 1	220	1.0	0	0	0	0	0
75	AIN OUSSARA 2	220	1.0	0	0	0	0	0
76	AIN OUSSARA 3	30	1.0	0	0	0	12	6
77	BOUFARIK	60	1.0	0	0	0	7	3
78	MUSTAPHA BACHA	60	1.0	0	0	0	13	7
79	EL AMIRALIA	60	1.0	0	0	0	14	7
80	EL HADJAR 1	220	1.0	0	100	56	157	107
81	EL AOUINET 1	220	1.0	0	0	0	0	0
82	EL KHROUB	220	1.0	0	0	0	75	36
83	SKIKDA	220	1.0	0	230	120	70	51
84	R. DJAMEL	220	1.0	0	0	0	46	34
85	AIN BEIDA	220	1.0	0	0	0	45	22
86	TEBESSA 1	220	1.0	0	0	0	0	0
87	AIN MLILA	220	1.0	0	0	0	32	15
88	EL HADJAR 2	90	1.0	0	0	0	46	22
89	SOUK AHRAS	90	1.0	0	0	0	34	17
90	EL AOUINET 2	90	1.0	0	0	0	18	9
91	TEBESSA 2	90	1.0	0	0	0	44	21
92	DJEBEL ONK	90	1.0	0	0	0	10	5
93	TEBESSA 3	90	1.0	0	0	0	0	0
94	OUED ATHMANIA	220	1.0	0	0	0	48	23
95	AKBOU 1	220	1.0	0	0	0	35	17
96	AKBOU 2	220	1.0	0	0	0	0	0
97	EL KSEUR	220	1.0	0	0	0	42	20
98	DARGUINA	220	1.0	0	100	30	13	6
99	ELHASSI	220	1.0	0	0	0	105	50
100	JIJEL	220	1.0	0	550	50	33	16
101	M'SILA	220	1.0	0	360	50	50	24
102	BORDJ BOU-ARRERIDJ	220	1.0	0	0	0	34	16
103	BISKRA	220	1.0	0	0	0	66	32
104	BARIKA 1	220	1.0	0	0	0	18	9
105	BARIKA 2	220	1.0	0	0	0	0	0
106	BATNA	220	1.0	0	0	0	64	31
107	DJELFA	220	1.0	0	0	0	65	37
108	GHARDAIA	220	1.0	0	0	0	22	11
109	TILGHEMT	220	1.0	0	180	85	37	18
110	M'GHAIER	220	1.0	0	0	0	13	6
111	H.MESSAOUD NORD	220	1.0	0	200	85	94	56
112	TOUGGOURT	220	1.0	0	0	0	24	12
113	OUARGLA	220	1.0	0	0	0	23	11
114	EL OUED	220	1.0	0	0	0	24	12

* Nœud balancier

Tableau B.12 Données des nœuds (Réseau Algérien 114 nœuds).

Désignation de la ligne	Résistance* (p.u.)	Réactance* (p.u.)	Susceptance* (p.u.)
3-2	0.0085	0.0403	0.0303
6-2	0.0122	0.0578	0.0436
3-6	0.0140	0.0498	0.0355
1-42	0.0274	0.1295	0.0976
1-42	0.0139	0.0121	0.1474
1-4	0.0033	0.0158	0.0482
5-4	0.0028	0.0189	0.0294
5-1	0.0018	0.0126	0.0197

Annexe B.3

1-7	0.0144	0.0678	0.0512
15-16	0.0038	0.0135	0.0097
16-4	0.0041	0.0144	0.0103
16-14	0.0013	0.0045	0.0032
8-42	0.0171	0.0629	0.0454
8-1	0.0184	0.0870	0.0657
10-7	0.0150	0.0709	0.0535
10-11	0.0228	0.1076	0.0811
7-6	0.0157	0.0740	0.0558
11-42	0.0170	0.0806	0.0608
6-4	0.0288	0.1012	0.0730
9-3	0.0042	0.0284	0.0442
9-4	0.0088	0.0600	0.0933
13-12	0.0501	0.2365	0.1784
10-13	0.0464	0.2190	0.1652
17-20	0.0065	0.0244	0.0176
17-21	0.0073	0.0278	0.0202
17-72	0.0197	0.0732	0.0530
17-27	0.0046	0.0237	0.1003
17-31	0.0061	0.0311	0.0617
31-28	0.0017	0.0088	0.0746
17-64	0.0198	0.0727	0.0525
21-44	0.0240	0.0861	0.0615
60-31	0.0037	0.0253	0.0393
21-60	0.0056	0.0263	0.0198
60-44	0.0122	0.0578	0.0436
58-44	0.0121	0.0569	0.0429
72-101	0.0213	0.1007	0.0760
72-58	0.0183	0.0863	0.0651
58-75	0.0148	0.0701	0.0528
75-107	0.0185	0.0876	0.0660
75-74	0.0006	0.0026	0.0026
44-42	0.0248	0.0903	0.0649
44-42	0.0183	0.0864	0.0651
42-48	0.0074	0.0506	0.0786
48-44	0.0025	0.0158	0.0245
107-101	0.0334	0.1577	0.1189
64-97	0.0178	0.0654	0.0470
72-96	0.0152	0.0540	0.0386
96-98	0.0203	0.0720	0.0515
96-95	0.0015	0.0070	0.0053
18-22	0.0290	0.1397	0.0017
18-37	0.0256	0.1233	0.0015
37-22	0.0171	0.0822	0.0010
19-26	0.0058	0.0077	0.0017
19-26	0.0058	0.0077	0.0017
19-34	0.0019	0.0126	0.0001
20-18	0.1348	0.2944	0.0013
20-24	0.0376	0.1390	0.0006
20-24	0.0368	0.1361	0.0006
20-29	0.0319	0.1178	0.0005
20-35	0.0428	0.1528	0.0006
35-29	0.0458	0.1639	0.0007
20-32	0.0708	0.2365	0.0010
22-32	0.0342	0.1142	0.0005
22-24	0.0239	0.0799	0.0003
22-24	0.0239	0.0799	0.0003
23-30	0.0239	0.0799	0.0003

Annexe B.3

23-36	0.0136	0.0457	0.0002
36-30	0.0273	0.0913	0.0004
33-18	0.0205	0.0685	0.0003
32-33	0.0239	0.0799	0.0003
26-25	0.0139	0.0517	0.0002
24-25	0.0164	0.0608	0.0003
26-34	0.0049	0.0318	0.0002
29-26	0.0119	0.0158	0.0034
29-39	0.0126	0.0820	0.0004
38-34	0.0047	0.0307	0.0002
18-73	0.1557	0.3427	0.0015
18-73	0.0854	0.3028	0.0012
62-18	0.0508	0.1941	0.0008
20-52	0.0873	0.2162	0.0011
20-52	0.0875	0.2167	0.0011
54-59	0.1188	0.3063	0.0015
52-59	0.0360	0.1014	0.0005
57-51	0.1227	0.4098	0.0018
57-77	0.1366	0.4566	0.0020
52-53	0.0937	0.1788	0.0007
53-54	0.0937	0.1788	0.0007
52-30	0.0722	0.1789	0.0009
71-70	0.1599	0.3148	0.0013
40-41	0.0586	0.1623	0.0008
40-50	0.1343	0.3645	0.0016
71-69	0.1093	0.3653	0.0016
70-68	0.1204	0.2180	0.0009
44-45	0.1025	0.3425	0.0015
51-43	0.2067	0.3556	0.0015
54-55	0.1196	0.3996	0.0018
55-43	0.1708	0.5708	0.0025
73-62	0.0410	0.1370	0.0006
73-67	0.3347	0.7007	0.0031
68-67	0.1648	0.3569	0.0015
29-26	0.0119	0.0158	0.0034
73-66	0.1623	0.5752	0.0023
63-66	0.0683	0.2283	0.0010
63-65	0.0557	0.1861	0.0008
63-65	0.0557	0.1861	0.0008
56-54	0.1025	0.3425	0.0015
57-56	0.1196	0.3996	0.0018
57-56	0.1196	0.3996	0.0018
47-50	0.1196	0.3996	0.0018
47-46	0.0342	0.1142	0.0005
67-66	0.1128	0.2794	0.0014
49-41	0.1265	0.4225	0.0019
19-78	0.0042	0.0055	0.0012
19-79	0.0105	0.0139	0.0030
59-61	0.0513	0.1816	0.0007
45-46	0.0171	0.0605	0.0002
85-87	0.0158	0.0745	0.0562
85-86	0.0139	0.0657	0.0495
85-81	0.0099	0.0467	0.0352
87-106	0.0105	0.0495	0.0373
87-82	0.0056	0.0266	0.0200
87-99	0.0322	0.1249	0.0909
103-105	0.0130	0.0613	0.0462
105-101	0.0171	0.0806	0.0608

105-104	0.0015	0.0070	0.0053
103-106	0.0208	0.0983	0.0741
81-82	0.0303	0.1075	0.0768
80-82	0.0319	0.1129	0.0807
80-84	0.0191	0.0676	0.0483
84-83	0.0051	0.0180	0.0129
82-83	0.0191	0.0676	0.0483
100-98	0.0102	0.0598	0.0754
100-97	0.0111	0.0759	0.1179
98-97	0.0121	0.0448	0.0325
99-100	0.0231	0.1089	0.0821
87-100	0.0102	0.0694	0.0105
100-84	0.0065	0.0442	0.0687
84-80	0.0074	0.0506	0.0786
86-81	0.0055	0.0379	0.0589
98-99	0.0163	0.0580	0.0414
101-102	0.0116	0.0547	0.0413
99-102	0.0116	0.0547	0.0413
99-101	0.0111	0.0759	0.1179
98-94	0.0357	0.1275	0.0918
94-82	0.0056	0.0263	0.0198
92-93	0.1624	0.4088	0.0099
93-91	0.0304	0.1074	0.0021
93-91	0.0379	0.1342	0.0027
90-89	0.0776	0.2400	0.0052
90-89	0.1354	0.4100	0.0089
90-93	0.1852	0.3189	0.0068
103-110	0.0185	0.0876	0.0660
110-112	0.0185	0.0876	0.0660
103-114	0.0419	0.1979	0.1493
109-108	0.0148	0.0701	0.0528
109-107	0.0388	0.1833	0.1382
112-114	0.0190	0.0896	0.0675
112-111	0.0297	0.1402	0.1057
113-111	0.0167	0.0787	0.0608
80-88	0.0123	0.3140	0.0
81-90	0.0062	0.1452	0.0
86-93	0.0012	0.0742	0.0
42-41	0.0012	0.0742	0.0
58-57	0.0012	0.0742	0.0
44-43	0.0029	0.1053	0.0
60-59	0.0014	0.0516	0.0
64-63	0.0019	0.0700	0.0
72-71	0.0012	0.0742	0.0
18-17	0.0014	0.0516	0.0
21-20	0.0016	0.0525	0.0
27-26	0.0024	0.1484	0.0
28-26	0.0024	0.1484	0.0
31-30	0.0007	0.0495	0.0
48-47	0.0012	0.0742	0.0
74-76	0,1197	4,4904	0.0

* Résistance, réactance et susceptance en *p.u.* sur la base de 100000 KVA.

Tableau B.13 Données des Transformateurs (Réseau Algérien 114 nœuds).

Désignation du Transformateur	Rapport de Transformation
80-88	0.9800
81-90	0.9500
86-93	1.0300
42-41	1.0300
58-57	1.0300
44-43	1.0300
60-59	1.0300
64-63	1.0300
72-71	0.9200
18-17	1.0300
21-20	1.0300
27-26	1.0300
28-26	1.0300
31-30	1.0300
48-47	1.0300
74-76	1.0300

Tableau B.14 Données des Nœuds de Régulation (Réseau Algérien 114 nœuds).

Numéro du noeud	Nom du noeud	Module de tension ($p.u.$)	Qmin ($MVAr$)	Qmax ($MVAr$)
5	MERSAT EL HADJADJ 2	1.0500	20	200
11	TIARET	1.0500	-50	100
15	RAVIN BLANC	1.0400	0	100
17	ALGER EST 1	1.0800	0	400
19	ALGER PORT	1.0300	0	60
22	BAB EZZOUAR	1.0400	0	50
52	BOUFARIK	1.0500	0	50
80	EL HADJAR 1	1.0800	0	60
83	SKIKDA	1.0500	-50	200
98	DARGUINA	1.0500	0	50
100	JIJEL	1.0800	0	270
101	M'SILA	1.0800	-50	200
109	TILGHEMT	1.0500	-50	100
111	H.MESSAOUD NORD	1.0200	-50	155

Oui, je veux morebooks!

i want morebooks!

Buy your books fast and straightforward online - at one of the world's fastest growing online book stores! Environmentally sound due to Print-on-Demand technologies.

Buy your books online at
www.get-morebooks.com

Achetez vos livres en ligne, vite et bien, sur l'une des librairies en ligne les plus performantes au monde!
En protégeant nos ressources et notre environnement grâce à l'impression à la demande.

La librairie en ligne pour acheter plus vite
www.morebooks.fr

OmniScriptum Marketing DEU GmbH
Heinrich-Böcking-Str. 6-8
D - 66121 Saarbrücken
Telefax: +49 681 93 81 567-9

info@omniscriptum.de
www.omniscriptum.de

Printed by Books on Demand GmbH, Norderstedt / Germany